핼리가 들려주는 이웃 천체 이야기

핼리가 들려주는 이웃 천체 이야기

ⓒ 송은영, 2010

초　판　1쇄 발행일 | 2006년 6월 23일
개정판　1쇄 발행일 | 2010년 9월 1일
개정판 10쇄 발행일 | 2021년 5월 28일

지은이 | 송은영
펴낸이 | 정은영
펴낸곳 | (주)자음과모음

출판등록 | 2001년 11월 28일 제2001-000259호
주　　소 | 04047 서울시 마포구 양화로6길 49
전　　화 | 편집부 (02)324-2347, 경영지원부 (02)325-6047
팩　　스 | 편집부 (02)324-2348, 경영지원부 (02)2648-1311
e-mail　| jamoteen@jamobook.com

ISBN 978-89-544-2091-4 (44400)

핼리가 들려주는

이웃 천체
이야기

| 송은영 **지음** |

|주|**자음과모음**

핼리를 꿈꾸는 청소년을 위한
'이웃 천체' 이야기

'이웃 천체'는 수성, 화성, 목성 등 지구와 이웃하고 있는 천체를 가리킵니다. 그러나 행성만이 천체는 아닙니다. 달과 같은 위성도 천체이고, 나타났다 사라짐을 반복하는 핼리 혜성도 천체에 속하지요. 이 책에서는 이러한 천체에 대해 알려주고 있습니다.

그러나 천체의 피상적인 내용을 단답식 형태의 겉핥기 수준으로 풀어 놓지는 않았답니다. 우리가 이웃 천체를 접하면서 알아야 하는 내용을 알차게 소개해 놓았습니다.

첫 번째 수업에서는 태양계의 왕인 태양을 소개합니다. 두 번째 수업에서는 지구의 영원한 동반자인 달을 다룹니다. 세 번째 수업에서는 태양계 끝의 비밀을 간직하고 있는 혜성에 대해서 이야기합니다. 네 번째 수업에서는 아인슈타인이 일반 상대성 이론을 완성해 놓고도 선뜻 내놓지 못하고 있을 때 더없이 자신감을 갖게 해 준 수성에 대해 설명합니다. 다섯 번째 수업에서는 외계 생명체와 화성의 관계, 화성 여행, 화성과 지구의 다른 점을 소개합니다. 여섯 번째 수업에서는 갈릴레이 위성이라 불리는 목성의 위성에 대해 집중 조명하며, 이것이 과학사와 인류 문명사에 어떤 혁명적인 변화를 가져왔는지 이야기합니다. 일곱 번째 마지막 수업에서는 이웃 천체를 거느리는 법칙으로 티티우스-보데의 법칙과 케플러의 3가지 운동 법칙을 깊이 있게 논의합니다.

이 이야기들을 읽고 이웃 천체에 대한 새롭고 풍부한 지식을 얻게 되기를 바랍니다.

늘 빚진 마음이 들도록 한결같이 저를 지켜봐 주는 여러분과 함께 이 책이 나오는 소중한 기쁨을 나누고 싶습니다. 또, 책을 예쁘게 만들어 준 ㈜자음과모음 편집자들에게도 감사의 말을 전합니다.

송 은 영

차례

태양계의 왕, 태양

태양은 어떤 천체일까요?
태양이 둥근 이유와 태양 에너지의 근원에 대해 알아봅시다.

1

첫 번째 수업

태양계의 왕, 태양

핼리가 자기 소개를 하며
첫 번째 수업을 시작했다.

나는 에드먼드 핼리입니다. 이웃 천체에 대한 이야기를 해 줄 과학자이지요.

여러분, 핼리란 이름을 어디선가 들어본 것 같지 않나요? 그래요, 핼리 혜성에 핼리란 단어가 들어가 있습니다. 거기에 들어간 핼리가 바로 내 이름에서 따온 것이랍니다.

많은 사람들이 핼리 혜성이라는 혜성의 이름 외에는 나를 잘 알지 못하고 있는 것 같아서 먼저 내 소개를 잠깐 하고 본론으로 들어가려고 합니다.

나는 영국에서 비누 제조업자의 아들로 태어났습니다. 그 덕

에 어려서부터 어려움 없는 생활을 하며 과학에 뜻을 품게 되었습니다. 내가 천문학에 관심을 갖게 된 데에는 플램스티드 (John Flamsteed, 1646~1719)의 영향이 아주 컸습니다. 플램스티드는 영국 최초의 왕립 천문학자로, 그리니치 천문대의 초대 원장을 지내며, 당시 알려졌던 목성과 토성의 위치가 틀렸다는 것을 밝혀낸 인물이랍니다.

천문학에 대한 나의 열정은 대단하여, 남쪽에 천문대를 세우고 남쪽 하늘을 관찰하고 기록했습니다. 그뿐만이 아닙니다. 프톨레마이오스가 기록한 별들의 위치가 정확한지를 일일이 검토했고, 구상 성단을 발견했으며, 별의 고유 운동을 밝혀내었습니다. 별의 고유 운동이란 별이 하늘에 고정되어 있는 것처럼 보이지만 실제로는 조금씩 움직이는 것을 말합니다. 이외에도 적잖은 연구 업적을 남겼지만, 그중에서도 내 이름을 빛내 준 것은 다름 아닌 혜성이었습니다.

나는 수십 개의 혜성을 빈틈없이 연구한 끝에 중요한 사실 하나를 알아내었습니다.

'1531년에 나타난 혜성과 1607년에 케플러가 본 혜성, 그리고 1682년에 내가 관측한 혜성은 같은 혜성일 가능성이 높다.'

나는 1531년과 1607년의 햇수의 차이(76년)와 1607년과 1682년의 햇수의 차이(75년)가 다른 것은 목성의 영향 때문이라고 생각했습니다. 즉, 목성은 태양계에서 가장 큰 행성이기 때문에 중력 또한 대단해서 혜성이 목성에 가까이 다가가느냐 그렇지 않으냐에 따라 혜성의 궤도에 변화가 생길 수 있고, 따라서 76년과 75년이라는 차이가 생긴 것이라고 주장했습니다. 그러고는 최종적으로 이렇게 예측했습니다.

'다음번 혜성은 1758년 말이나 1759년 초에 나타날 것이다.'

나의 예상이 여지없이 맞았음은 두말할 나위조차 없습니다. 이렇게 해서 내가 예측한 혜성은 인류 역사상 가장 유명한 혜성이 되었지요. 그리고 그 혜성은 나의 업적을 기리기 위해서 핼리 혜성이라 불리게 되었답니다. 핼리 혜성이 다시

지구를 찾는 해는 2061년으로 추측됩니다.

혜성에 대해서는 나중에 자세히 다루도록 해요.

태양은 왕

태양계의 중심에는 태양이 자리하고 있습니다. 중심이란 말 그대로 한가운데를 의미하지요. 한가운데는 중요하고 중요한 자리이지요. 그만큼 태양이 하는 기능이 막중하다는 뜻입니다. 태양이 없는 태양계는 상상할 수 없습니다. 태양이

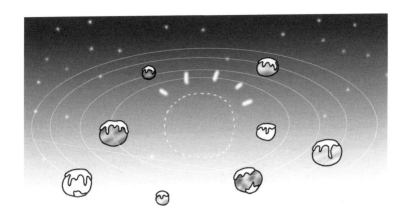

없는 태양계는 알맹이 없는 빈 껍데기일 뿐이니까요.

태양이 없었다면, 태양계의 행성은 만들어지지 못했을 겁니다. 태양이 있다고 해도 막대한 열을 사방으로 뿜어내지 않았다면, 태양계 행성은 −100℃ 이하의 꽁꽁 언 차디찬 세계가 되었겠지요. 그렇게 되면 지구에는 동식물이 태어나지도 못했을 겁니다. 물론 인류도 탄생하지 못했겠지요.

태양계에서 태양이 차지하는 중요도가 얼마나 큰지는 그 크기를 살펴보아도 쉽게 알 수 있습니다. 태양계의 다른 행성의 질량을 모두 합한다고 해도 태양 하나보다 못하답니다. 다 합쳐도 겨우 태양의 $\frac{1}{1000}$ 정도에 불과할 뿐이랍니다.

그 관계를 다음과 같이 표로 비교해 보았습니다. 질량을 킬로그램(kg)으로 나타내면 숫자가 매우 커지기 때문에, 상대

태양 태양계 행성들

행성	상대 질량
태양	333,000
수성	0.056
금성	0.82
지구	1
화성	0.11
목성	318
토성	95
천왕성	14.5
해왕성	17.2

질량으로 표현했습니다.

상대 질량이란 지구의 질량을 1이라 하고 다른 천체와 비
교한 질량을 말합니다. 예를 들어, 목성의 상대 질량이 318이
라는 것은 지구보다 318배 무겁다는 뜻이지요. 이렇게 상대
질량으로 표시하면, 질량을 kg으로 나타내는 경우보다 무겁

고 가벼운 정도와 비율을 쉽게 파악할 수가 있답니다.

태양이라는 존재

태양은 매우 밝아서 맨눈으로 그냥 바라볼 수가 없습니다. 그랬다간 순식간에 시력을 잃어버릴 수가 있거든요. 이게 그냥 말뿐이 아니란 걸 우리는 갈릴레이(Galileo Galilei, 1564~1642)를 통해서 알 수가 있습니다.

갈릴레이는 종교 재판을 받고 극심한 충격을 받았지요. 종교 재판소에서 갈릴레이를 이단이라고 선고했기 때문입니다. 갈릴레이는 1633년 12월에 집으로 돌아갈 수 있었습니다.

그러나 집으로 돌아온 갈릴레이에게 하늘은 다시 한번 처절한 고통을 안겨 주었습니다. 시력을 잃은 것이었습니다. 한쪽 눈은 전혀 볼 수 없는 상태가 되었고, 나머지 한쪽도 거의 시력을 잃는 것이나 마찬가지였습니다. 망원경으로 자주 태양을 자세히 들여다보면서 연구에 매진한 결과였습니다.

갈릴레이처럼 맨눈으로 태양을 오랫동안 보아선 절대로 안 된답니다. 그래서 태양을 볼 때에는 특별한 장치를 하고 관

찰을 하는데, 유리판을 검게 그을려서 태양을 바라보는 것이다 그러한 이유 때문이랍니다. 그러나 태양 광선은 워낙 강력하고 다양한 광선을 포함하고 있어서 특별한 장치를 한다고 해도 조심해야 한다는 것을 절대로 잊어선 안 된답니다.

태양이 쉼 없이 내뿜는 태양 광선은 다양한 광선으로 이루어져 있습니다. 눈으로 볼 수 있는 가시광선(可視光線, visible rays, 빨강, 주황, 노랑, 초록, 파랑, 남색, 보라의 일곱 가지 무지개색), 빨간색 바깥의 적외선(赤外線, infrared ray, 물체의 온도를 상승시키는 작용이 두드러져서 열선이라고도 함), 보라색 너머의 자외선(紫外線, ultraviolet rays, 화학 작용이 강해서 화학선이라

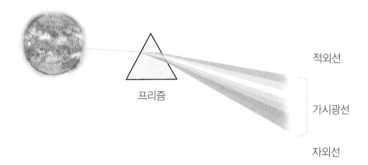

프리즘

적외선

가시광선

자외선

고도 부름), 그리고 그 너머의 X선 등으로 이루어져 있지요.

검은 유리판을 대고 거의 감았다 싶을 만큼 눈을 가늘게 뜨고서 태양을 조심스럽게 바라보면 태양의 겉모습을 또렷하게 볼 수 있는데, 이것을 광구라고 하지요. 태양이 달에 의해 가려지는 일식 현상이 일어나면 그 형태가 더욱 두드러지게 드러나지요.

태양의 겉모양이 공처럼 둥글게 보인다고 해서 태양도 지구처럼 딱딱한 물질로 이루어져 있다고 생각할 수도 있지만, 전혀 그렇지 않습니다. 태양은 온통 가스로 뒤덮여 있답니다. 그것도 무척이나 뜨거운 가스로 가득 채워져 있지요. 태양은 고온의 가스로 똘똘 뭉쳐진 기체 덩어리인 셈입니다.

태양이 가스 덩어리라고 해서 내부를 쉽게 들여다볼 수 있을 것이라고 생각해서는 안 됩니다. 우선은 너무 뜨거워서 가까이 다가갈 수가 없는 데다 다가간다고 해도 가스로 꽉꽉

뒤덮여 있어서 보기가 어렵답니다. 구름 속을 곁에서 자세히
살피기 어려운 이유와 비슷하다고 보면 되지요.

태양이 둥근 이유

그럼 태양은 지구처럼 고체로 이루어져 있지 않은데도 어
떻게 구형(공같이 둥근 형태)을 유지할까요?

사고 실험으로 차근차근 알아보도록 하겠습니다.

사고 실험은 머릿속 생각 실험입니다. 실험 기기를 이용해
서 하는 실험이 아니라, 우리의 머리를 사용해서 결론을 멋지

게 유도해 내는 상상 실험이지요. 창의력과 사고력을 쑥쑥 키워 주는 창조적 실험입니다. 사고 실험에 대해서는 《아르키메데스가 들려주는 부력 이야기》, 《레오나르도 다 빈치가 들려주는 양력 이야기》 등 여러 책에서 이미 상세히 설명하였기에 여기서는 이 정도로 넘어가겠습니다.

태양은 가스로 가득 차 있어요.

가스는 이리저리 흩날리기 쉬운 물질이에요.

움직임이 심하면 모양을 갖추기가 어려워요.

날아가 버리고 나면 모양이란 건 아예 상상조차 할 수가 없잖아요.

그렇다면 가스로 이루어진 태양은 형태가 없어야 해요.

그런데 태양은 보란 듯이 공 모양을 하고 있어요.

이건 무얼 의미할까요?

가스가 밖으로 도망가지 못하도록 막는 힘이 있다는 뜻이에요.

그 힘은 태양의 중심을 향해야 할 거예요.

그래야 가스가 밖으로 날아가지 못하도록 막을 수 있을 테니까요.

지구 중심을 향하는 힘이 무엇이죠?

그래요, 중력이에요.

지구 중력이란 말이에요.

중력은 모든 천체에 다 있어요.

태양에도 물론 있지요.

중력은 무거우면 무거울수록 강해요.

태양은 지구보다 월등히 크고 무거워요.

그것이 태양의 중력이 지구와는 비교하기 어려울 만큼 강한 이유예요.

지구 중력으로도 대기를 지표에 가두어 두는 게 가능해요.

그러니 태양의 중력으로 가스를 가두어 놓는 건 그다지 어려운 일이

아니에요.

그것이 태양이 흩날리기 쉬운 가스로 이루어져 있으면서 공 모양을

꿋꿋하게 유지하고 있는 이유예요.

태양의 중력이 가스를 중심 쪽으로 당기고 있다면, 태양은

작아져야 할 겁니다. 그러나 그렇지가 않습니다. 예나 지금

이나 태양의 크기는 별 차이가 없습니다. 이건 어떻게 설명

할 수 있을까요?

사고 실험을 해 보겠습니다.

태양의 중력은 중심을 향해요.

태양 안에 있는 가스는 태양의 중심으로 끌려야 할 거예요.

중심으로 끌리면 태양의 크기가 작아져야 해요.

작아지고 작아져서 지구보다 작아지고,

이내 달보다도 작아져야 할 거예요.

그런데 그렇지가 않죠.

이건 무엇을 의미하나요?

중력에 비기는 힘이 있다는 뜻이에요.

가스가 태양 중심으로 끌리는 걸 방해하는 힘이 있다는 의미예요.

이 힘은 태양 중심에서 밖으로 향해야 해요.

그래야 태양이 작아지는 걸 막아 줄 테니까요.

태양 속에서 밖으로 향하는 힘이란 무엇일까요?

태양은 빛을 방출하고 있어요.

빛은 열기예요.

그래요, 태양 중심에서 밖으로 향하는 힘은 열이에요.

그렇습니다. 태양의 중력이 안으로 당기는 힘과 중심에서 밖으로 밀치는 열기가 동등한 세기로 작용하고 있는 것이랍니다. 그래서 태양의 크기가 줄지 않고, 크기를 그대로 유지할 수 있는 것이랍니다.

태양 에너지의 근원

태양은 어떻게 뜨거운 열에너지를 계속해서 내보낼 수 있을까요? 태양은 수소로 가득 차 있습니다. 태양 내부에선 수소끼리 합쳐져서 열을 내는 반응이 끊임없이 이어지고 있습니다. 핵융합 반응이 진행되고 있는 것입니다.

태양에서 일어나는 핵융합 반응은 그리 간단치가 않습니다. 태양 내부에서는 다양한 핵융합 반응이 어우러지는데, 그 반응의 핵심은 4개의 수소(경수소) 원자가 뭉쳐서 하나의 헬륨 원자가 되는 것이랍니다.

경수소 + 경수소 + 경수소 + 경수소 ➡ 헬륨 - 4 + 양전자 + 양전자

이때 헬륨 원자핵 1개의 질량은 수소 원자핵 4개의 질량보다 0.7%가 부족하여 반응 전과 반응 후에는 질량 결손이 생기는데, 그것이 태양열과 태양광의 실질적인 근원입니다. 태양열과 태양광의 구체적인 세기가 얼마나 되는지를 알려면, 아인슈타인(Albert Einstein, 1879~1955)의 그 유명한 공식 $E=mc^2$에 질량 결손(반응 전과 후의 질량 차이)을 넣어서 계산하면 구할 수 있답니다.

태양의 죽음

태양은 오랫동안 뜨거운 열을 방출해 왔습니다. 그리고 지금 이 순간에도 쉼 없이 계속 열을 방출하고 있습니다. 이건 무엇을 의미할까요? 그건 바로 태양이 자신을 태우고 있다는 뜻입니다. 열을 방출할 때마다 몸뚱이가 조금씩 없어진다는, 다시 말해 죽어 가고 있다는 뜻입니다.

그럼 여기서 태양이 죽어 가는 과정을 사고 실험으로 알아 보겠습니다.

별은 수소를 태워서 빛과 열을 방출해요.

태우면 사라지게 되어 있어요.

석유와 석탄도 태우면 사라지잖아요.

수소도 마찬가지예요.

그러니 별 속의 수소도 언젠가는 고갈되고 말 거예요.

별 속의 수소가 줄면 열기도 감소할 거예요.

열기가 식으면 차가워져요.

수소의 양이 감소하면서 별이 차가워지기 시작하는 거예요.

별의 열기가 점점 약해져 차가워지면, 밖으로 뻗치는 힘도 약해질 거예요.

이렇게 되면 팽팽하게 맞서던 힘의 균형이 깨지는 거예요.

중력이 더 강해지는 거예요.

별 속의 가스들은 중력에 이끌려서 안으로 끌려 들어갈 거예요.

그러면서 크기가 점점 줄어들 거예요.

그러고는 더 이상 쪼그라들지 않는 작은 별이 될 거예요.

이것이 바로 태양이 죽는 과정입니다.

중력에 의해 별이 안으로 끌려 들어가는 현상을 중력 수축이라고 합니다. 더는 쪼그라들지 않는 작은 별은 백색 왜성입니다. 백색 왜성은 흰색을 띤 난쟁이 별이란 뜻이랍니다. 백

색 왜성은 크기가 지구만 하답니다. 별의 크기는 평균적으로 지구의 100만 배 이상입니다. 그만한 별이 중력 수축으로 지구만 하게 줄어든 겁니다. 그래서 백색 왜성의 밀도는 엄청나게 높답니다. 한 숟가락 정도의 질량이 자그마치 10여 t에 이르지요.

태양이 죽으면 어떤 일이 벌어질까요? 지구에는 치명타가 될 것입니다. 태양 에너지를 받지 못하는 지구는 거대한 얼음 덩어리로 변해 버릴 겁니다. 그러나 어떤 과학자는 이와 반대로 예측하기도 합니다. 거대한 폭발이 일어나서 지구가 일순 불바다가 될 거라고 말이에요.

지구가 얼음 덩어리가 되든지 불바다의 세계가 되든지 태양의 죽음은 지구의 생물에게 엄청난 재앙을 몰고 올 수 있는, 상상하고 싶지 않은 두려운 일이랍니다. 하지만 그렇다고 해서 안절부절못할 필요는 없답니다. 걱정하고 두려움에 떤다고 태양이 죽지 않는 것도 아닌 데다, 태양이 하루아침에 사라지는 것도 아니기 때문이지요.

태양의 죽음은 수년이나 수십 년 안에 일어나는 사건이 아니랍니다. 수십억 년이라고 하는 길고도 긴 시간이 지난 후에나 일어나는 사건이랍니다. 태양은 적어도 앞으로 50억 년은 계속해서 타고 남을 만큼의 충분한 수소를 갖고 있거든요.

수십억 년은 인간에게는 거의 영원과도 같은 기간입니다.

걱정 붙들어 매니오. 앞으로 50억 년은 날 수 있다오.

죽으면 어쩌지….

인간은 지구에서 1억 년도 채 살지 못했습니다. 인간이 모습을 드러낸 것은 고작 수백만 년에 불과하지요. 그러한 우리가 수십억 년이 지난 뒤에 일어날 태양의 죽음을 걱정하는 것이 과연 무슨 의미가 있을까요? 태양이 죽기 이전에 지구가 먼저 자취를 감추어 버릴지도 모르는 일인데 말입니다.

간단한 질문을 하나 할게요. 태양계의 왕은 누구일까요?

당연히 태양이죠

맞아요. 태양이 없는 태양계는 알맹이가 없는 빈껍데기일 뿐이죠. 태양이 없었다면 태양계의 행성은 만들어지지 못했을 겁니다.

선생님, 태양은 크기가 엄청 크다면서요?

예. 태양은 태양계 속 행성을 다 합친 것보다 1,000배 정도가 더 큽니다. 태양은 또 막대한 열을 사방으로 뿜어내고 있어요. 그래서 태양을 바로 보면 안 됩니다.

갈릴레이는 종교 재판이 끝난 후 한쪽 눈은 전혀 볼 수 없게 되었고, 나머지 한쪽 눈도 거의 시력을 잃게 되었어요. 바로 태양을 직접 바라보면서 연구를 했기 때문이랍니다.

갈릴레이가 불쌍해요.

앗!! 앞이 안 보여~

검은 유리판을 대고 눈을 가늘게 뜨고서 태양을 조심해서 바라보세요. 둥근 태양의 겉모양을 볼 수 있을 겁니다.

겉모양이 지구처럼 둥근 것 같아요.

하지만 태양의 겉모양이 지구처럼 둥글다고 해서 딱딱한 물질로 이루어져 있지 않아요. 태양은 수소 가스로 가득 채워져 있습니다. 태양 에너지의 근원은 바로 이 수소 가스이며, 앞으로 50억 년은 더 쓸 수 있답니다.

앞으로 50억 년로 거뜬!!

2

지구의 영원한 동반자, 달

달은 어떻게 탄생했을까요?
달에 물이 없는 이유에 대해서 알아봅시다.

2

두 번째 수업

지구의
영원한 동반자, 달

핼리가 달에 대한
옛 노래를 소개하며
두 번째 수업을 시작했다.

오랜 친구

달은 예로부터 우리 선조의 마음을 애끓게 한 하늘의 친구였습니다.

한국에는 다음과 같은 옛 노래가 있다고 합니다. 여러분도 한번쯤은 들어보았을 겁니다.

달아달아 밝은 달아
이태백이 놀던 달아

저기저기 저 달 속에

계수나무 박혔으니

옥도끼로 찍어 내고

금도끼로 다듬어서

초가삼간 집을 짓고

천년만년 살고 지고

천년만년 살고 지고

인류는 오랫동안 달을 하늘의 친근한 이웃으로 고귀하게
여겼습니다. 달을 이렇게 대하는 것은 비과학적이긴 하지만 그 속에는 수천 년 동안 이어져 내려온 끈끈한 삶의 정신이 진하게 배어 있답니다. 그래서 우리는 달에 간절히 가 보고 싶어 했습니다.

달로 향하는 꿈

달은 인류가 지구에 발을 디딘 그 순간에도 지구 상공에 휘영청 떠 있었습니다. 그러니 그때부터 달나라 여행을 꿈꿨다고 보아도 괜찮을 겁니다.

인류는 달을 동경한 나머지 커다란 새를 타고 달을 향해 힘

차게 날아가는 그림을 벽화에 남겨 놓기도 했고, 독수리의 날개를 이용해 멋지게 비상하는 이야기를 짓기도 했습니다. 물론, 달나라행 상상 열차에는 말이나 거위 같은 동물도 동원했지요.

그렇다고 달나라행 상상 열차를 움직이는 데 늘 동물만 이용한 것은 아니었습니다. 폭약을 터뜨려 그때 생겨나는 힘으로 달나라에 갔다 오는 방법을 생각하기도 했고, 강력한 스프링을 사용해 우주선을 쏘아 올리는 방법을 상상하기도 했으며, 로켓 같은 기계에 탑승해서 달에 갔다 오는 방법을 구상하기도 했습니다.

이렇게 맥을 이어 온 달 여행의 상상이 절정에 이른 건 쥘 베른에 이르러서였습니다. 쥘 베른(Jules Verne, 1828~1905)은 《해저 2만 리》, 《80일간의 세계 일주》 같은 명작을 쓴 프랑스의 과학 소설가이지요. 그는 달 여행에 관한 과학 소설을 쓰기도 하였는데, 이것은 미국의 달나라 여행 계획인 아폴로 계획에 지대한 영향을 미쳤답니다.

예를 들어, 미국은 달에 3명의 우주인(닐 암스트롱, 버즈 올드린, 마이클 콜린스)을 보냈는데, 쥘 베른도 소설 속에서 3명의 우주인을 달에 보냈답니다.

드디어 달에 도착

1969년, 그해는 인류가 그토록 꿈꾸어 온 바람이 마침내
이루어지는 해였습니다.

미국은 우주선 아폴로 11호에 새턴 로켓 V를 장착했습니
다. 새턴 로켓 V는 총 길이 110여 m, 총 무게 3,000여 t에 이
르는 3단 로켓이었습니다. 우주선 아폴로 11호의 사령실은
새턴 로켓 V의 꼭대기에 실렸지요.

1969년 7월 16일, 미국의 동부 표준 시간으로 오전 9시 32
분 아폴로 11호가 케네디 우주 센터에서 발사되었습니다. 1단

로켓이 분리되고 2단 로켓 점화, 2단 로켓이 분리되고 3단 로켓 점화, 3단 로켓이 연료를 다 태우고 분리될 즈음, 3단 로켓 꼭대기에 실려 있는 달 착륙선이 마침내 모습을 드러냈습니다. 새턴 V의 3단 로켓이 완전히 떨어지고 핵심 몸체만으로 달로 향하는 본격적인 비행에 들어갔습니다.

드디어 아폴로 11호가 3일간의 우주 비행 끝에 달 궤도에 진입했습니다. 아폴로 우주선에 탑승한 사람은 세 사람이었습니다만, 암스트롱(Neil Amstrong, 1950~)과 올드린(Aldrin, 1930~)만 달을 밟았습니다. 콜린스(Michael Colins, 1930~)는 사령선에 남아서 그들이 다시 돌아오기를 기다렸습니다.

암스트롱은 달 착륙선을 조종하며 달로 내려갔습니다. 착륙 지점은 고요의 바다로 알려진 곳이었습니다. 달 착륙선이 역분사 장치를 이용해 달 표면으로 조심스레 하강했습니다.

"여기는 고요의 기지, 독수리 호는 달에 무사히 착륙했다."

암스트롱이 가슴 벅찬 목소리로 대답했습니다. 이때가 미국의 동부 표준 시간으로 1969년 7월 20일 오후 4시 17분이었습니다. 암스트롱이 먼저 내려갔고, 올드린이 그 뒤를 따랐습니다. 두 사람은 달 표면을 2시간 31분 동안 걸었으며, 지구로 가져올 월석 31kg을 채집하였습니다.

달과 물

　달을 밟고 나니 달은 더 이상 감상적으로만 마주할 수 있는 곳이 아니었습니다. 과학적으로 살펴본 달은 동식물이 살지 않는, 돌덩어리만이 여기저기 널린 적막하고 삭막한 세계일 뿐이었습니다. 이태백과 계수나무에 대한 한국 사람들의 꿈은 산산이 부서졌지요.

　달에 가서 놀란 것은 무엇보다 물을 찾을 수 없다는 점이었습니다. 지구에는 철철 넘쳐흐르는 물이 달에는 단 한 방울도 없었습니다.

　지구에는 많은 물이 왜 달에는 없는 걸까요?

잠깐만,
가지 마!

그것은 대기 때문이랍니다. 쉽게 말해서 공기 때문이지요. 지구에는 다양한 공기가 넓게 퍼져 있습니다. 산소, 질소, 이산화탄소, 수소 등이 있지요. 그런데 달에는 이러한 공기가 거의 없답니다. 우주 공간으로 휘익 다 날아가 버렸거든요. 물론 처음부터 달에 공기가 없었던 건 아니랍니다. 초창기에는 달에도 공기가 넉넉했었답니다.

그렇게 풍부했던 공기가 사라져 버린 이유는 끌어당기는 힘, 중력이 약하기 때문입니다. 달의 중력은 지구보다 6배가량 약합니다. 끌어당기는 힘이 어느 정도는 되어야 공기가 도망치는 것을 막을 수 있을 텐데, 중력이 약하다 보니 그렇게 할 수가 없었던 것입니다. 그래서 달에 있던 공기가 하나둘 우주 공간으로 날아가 버린 것이었고, 이제는 거의 찾아보기가 어려워지게 된 것이랍니다.

물은 생명체가 살아가는 데 꼭 필요합니다. 없어서는 안 되는 아주 중요한 물질이지요. 이것이 바로 지구에는 생명체가 살아갈 수 있는 반면, 달에서는 생명체를 발견할 수 없는 결정적인 이유랍니다.

달의 기원설

과학자들은 아직까지 달이 어떻게 탄생했는지에 대해 딱 부러진 답을 내놓지 못하고 있습니다. 이러저러한 식으로 탄생한 게 아닐까 싶은 정도의 어렴풋한 추측만이 다양하게 난

무할 뿐입니다. 하지만 그 가운데 이목을 끄는 4가지 학설이 있는데 분열설, 응집설, 포획설, 거대 충돌설입니다.

분열설은 지구의 일부가 떨어져 나가 달이 되었다고 보는 가설입니다. 그래서 친자설이라고도 하지요.

분열설은 과학적으로 가장 먼저, 가장 오랫동안 유력하게 받아들여진 달의 기원설입니다. 분열설에서는 달의 탄생을 이렇게 설명합니다.

"뭉친 가스 덩어리의 회전 운동이 빨라지면서 원심력이 강하게 작용하게 되었고, 그렇게 하여 지구에서 달이 분리되었습니다."

분열설은 그 증거로 지구의 밀도와 달의 밀도가 비슷하다는 점을 들고 있습니다. 그러면서 달이 떨어져 나간 자리가 지금의 태평양 부근일 것이라고 말합니다. 그러니까 달이 떨어져 나간 자리에 물이 흘러들어 태평양이라는 거대한 바다가 형성되었다고 주장하는 것입니다.

그러나 분열설은 여러 사실을 제대로 설명해 내지 못하는 한계를 보입니다. 예를 들어, 달이 지구로부터 떨어져 나가기 위한 원심력을 얻으려면 지구의 자전 주기가 지금보다 10여 배 이상이어야 하는데, 이것을 뒷받침할 만한 증거를 제시하지 못하고 있습니다.

지구

달

한편 응집설은 지구가 형성될 때 달도 같이 탄생했다고 보는 가설입니다. 그래서 형제설이라고도 합니다.

응집설은 분리설의 반대 개념으로 생각하면 됩니다. 응집설은 달의 탄생을 다음과 같이 설명합니다.

"지구가 형성될 즈음 동일한 물질이 모여 크고 작은 여러 덩어리를 만들었는데, 그중 하나가 달입니다."

응집설은 그 증거로 달에서 가져온 암석과 지구의 나이(45억 년)가 같다는 것을 들고 있습니다. 하지만 응집설 역시 설명하지 못하는 여러 사실이 있습니다. 예를 들면 다음과 같은 것입니다.

"금성은 지구와 엇비슷한 크기이지만 위성이 없다."

"화성은 포보스와 데이모스라는 2개의 위성을 가지고 있지만, 이 위성들이 화성과 동시에 같은 물질로 만들어졌다고 보기는 어렵다."

"목성과 토성은 지구보다 월등히 큰데, 거느린 위성은 상대적으로 작다. 이에 비해 달은 지구와 비교하면 기형이라고 할 만큼 크다."

포획설은 태양계의 다른 곳에서 생긴 달이 지구의 중력에 이끌려서 현재의 위치로 끌려왔다는 가설입니다.

포획설에서는 지구와 달은 원래 상관이 없는 개별 천체였는데, 우연한 기회에 서로 가까이 접근하여 달이 지구의 위성이 되었다고 보는 이론입니다. 포획설은 달의 탄생을 이렇게 설명합니다.

"태양계가 형성되고 10억 년쯤 흘렀을 무렵, 달이 지구에 접근했습니다. 강한 조석 현상이 생겨나면서 달과 지구가 마주한 쪽이 크게 솟아올랐습니다. 달은 지구로부터 벗어나기 위해 발버둥쳤고, 솟아오른 쪽이 마찰에 의해 엄청난 에너지를 잃었습니다. 따라서 달의 회전 속도가 줄어들어 현재의 위치에 머물게 되었습니다."

포획설은 얼핏 보기에 그럴듯해 보입니다. 하지만 이것도 지구가 달을 잡아 가둔 것이라면, 달이 지구에 붙들리기 전에 머물렀던 애초의 장소가 어디쯤인지, 어떻게 해서 지구에 접근하게 되었는지에 대한 합당한 증거를 제시하지 못하고 있답니다.

마지막으로 거대 충돌설은 적잖은 크기의 천체가 지구와 충돌하면서 그 충격으로 달이 만들어졌다는 가설입니다. 그래서 자이언트 임팩트(giant impact)설이라고도 합니다.

거대 충돌설은 근래에 들어와 크게 주목을 받고 있는 이론입니다. 거대 충돌설은 달의 탄생을 이렇게 설명합니다.

"지구가 생성되고 얼마 지나지 않았을 무렵, 미지의 행성이 날아와 지구와 격렬히 충돌했습니다. 그 충격으로 지구와 미지의 행성 일부가 기체와 먼지로 솟아오르며 날아갔고, 그것이 지구 둘레에 머물고 있던 여러 입자들과 어우러져서 천체를 생성했습니다. 이것이 달입니다."

1974년에 발표된 이 가설은 아직까지 특별한 문제점이 발견되지 않고 있습니다. 아직까지는 달 탄생 이론으로 입지를 확고히 하고 있는 셈입니다.

과거 인류는 달을 동경한 나머지 커다란 새를 타고 달을 향해 힘차게 날아가는 그림을 벽화에 남겨 놓았죠.

이외에도 달나라행 상상 열차에는 독수리나 말, 거위 같은 동물이 동원되었지요.

그리고 이후로 폭약을 이용하거나 강력한 스프링을 이용해 우주선을 쏘아 올리는 방법과 로켓 같은 기계에 탑승해서 가는 방법 등을 구상하기도 했습니다.

달 여행의 상상이 절정에 이른 건 쥘 베른에 이르러서였습니다. 쥘 베른은 《해저 2만 리》, 《80일간의 세계 일주》 같은 명작을 쓴 프랑스의 과학 소설가이지요.

《80일간의 세계 일주》를 쓴 사람이 쥘 베른이었군요.

쥘 베른은 달 여행에 관한 과학 소설을 쓰기도 하였는데, 이것은 미국의 달나라 여행 계획인 아폴로 계획에 지대한 영향을 미쳤답니다.

소설이 속 상상의 세계가 현실이 됐군요.

이렇게 상상 속에서만 꿈꾸던 달에 인류가 처음 발을 디딘 건 1969년 7월 20일이었습니다. 암스트롱과 뒤를 올드린이 따랐습니다. 두 사람은 달 표면을 2시간 31분 동안 걸었답니다.

그 유명한 아폴로 11호의 달 착륙이군요.

3

태양계 끝 비밀을
간직한 혜성

혜성은 어떤 천체일까요?
카이퍼 띠와 혜성의 관계에 대해 알아봅시다.

세 번째 수업

태양계 끝 비밀을
간직한 혜성

핼리가 다른 시간보다
유독 눈빛을 반짝이며
세 번째 수업을 시작했다.

두려움의 대상

혜성은 마귀할멈이나 처녀 귀신처럼, 기다란 꼬리를 휘날
리면서 나타나요. 그래서인지 예로부터 혜성은 두려움의 대
상이었답니다. 실제로, 76년마다 한 번씩 나타나서 우아한
공중 쇼를 벌이고 떠나는 핼리 혜성이 1910년 지구에 근접했
을 때, 핼리 혜성의 꼬리 부분이 지구에 닿는 듯하자 큰일이
벌어지는 줄 알고 대소동이 일어났던 적이 있습니다.

하지만 혜성을 삐딱하게 바라보았던 시각이 과학의 발달로

바뀌기 시작했습니다. 혜성이 악귀와 재앙을 몰고 오는 그런 나쁜 천체가 아니라는 사실을 알게 된 것이지요. 핼리 혜성을 예로 들어 설명해 보겠습니다.

인류를 공포의 도가니로 몰아넣고 유유히 사라졌던 핼리 혜성이 76년 만에 다시 지구를 찾았던 1986년의 일입니다. 핼리 혜성이 지구 쪽으로 6,200만 km까지 접근했을 때였습니다. 과학 선진국이라고 하는 미국과 러시아·유럽의 국가들은 물론이고, 일본까지도 기다렸다는 듯이 핼리 혜성의 방문을 대대적으로 환영하기에 분주했지요.

그들은 핼리 혜성의 정체를 알아내기 위해 일찍부터 제작해 놓았던 여러 대의 인공위성을 쏘아 올렸고, 뜻대로 핼리

혜성의 중심 부분으로 인공위성을 통과시키는 데 성공하였습니다. 유럽에서 발사한 지오토 위성은 핼리 혜성의 신비를 밝혀 줄 사진을 무려 3,000장 가까이 보내왔습니다. 사진들을 분석한 결과 핼리 혜성의 핵은 가로 12km, 세로 10km에 달하는 검은색의 땅콩 모양임이 밝혀졌습니다.

혜성 관측 기록

혜성에 대한 신빙성 있는 기록은 기원전 239년으로 거슬러 올라갑니다.

"동쪽에서 북쪽 하늘로 비행하는 혜성이 관측되었습니다. 5월에는 서쪽에서 나타났고……."

이 기록에 등장하는 혜성은 76년을 주기로 해서 우주 공간을 떠도는 핼리 혜성으로, 사마천의 《사기》에 전해 내려오는 내용입니다. 이것은 혜성을 천체로 간주한 기록 중 신뢰할 수 있는 가장 오래된 기록입니다.

당시 서양에서는 혜성을 지구 대기권에서 일어나는 일종의 대기 현상쯤으로 여겼습니다. 또한 혜성을 불길한 징조를 몰고 올 액운의 천체라고도 생각했지요. 로마 황제인 카이사르의 죽음이라든가, 1066년 노르만 정복 당시 영국군이 대패한 이유를 혜성 탓으로 돌린 이야기는 유명하답니다.

이뿐만이 아닙니다. 20세기 초까지도 그러한 분위기는 완전히 사라지지 않아서, 1910년 핼리 혜성이 지구에 근접했을 때 독가스가 지구를 휘감을 것이라는 소문이 삽시간에 퍼져서 방독면과 해독약이 불티나게 팔렸던 적도 있었답니다.

서양의 과학자 중 혜성이 천체라는 사실을 처음으로 밝혔던 인물은 관측 천문학의 대가 브라헤(Tycho Brahe, 1546~1601)였습니다.

혜성에 대한 한국의 최초 기록은 고구려 산상왕 27년(217년)의 일이며, 두드러진 관찰 기록은 조선 시대의 《성변등록》에 실려 있는 내용입니다. 여기에는 1759년 3월 5일 출현한 핼리 혜성이 3월 29일 소멸할 때까지의 변화가 빠짐없이 기록되어 있습니다.

혜성의 정체

천문학자들은 이렇게 주장합니다.

"태양계의 생성 초기에 행성이 되고 남은 찌꺼기가 혜성이 되었다. 그래서 혜성을 면밀히 관찰하면 태양계의 기원을 알 수 있다."

바로 이러한 이유 때문에 혜성이 출현했다 하면 천문학자들이 너나없이 고성능 천체 망원경 앞에 달라붙어서 관측과 자료 분석에 열중하는 것이랍니다. 태양계의 비밀을 캐내기 위해서 말입니다.

혜성은 흔히 '꼬리별'이라고 합니다. 꼬리를 달고 우주 공간을 방랑한다고 해서 그렇게 이름 붙여진 것이지요.

혜성은 운석과 얼음과 먼지가 응어리져서 형성된 천체입니다. 머리와 꼬리로 이루어져 있으며, 머리는 다시 핵과 코마(coma)로 나뉩니다. 핵은 머리 쪽 중심에 위치해 있고 강한 빛을 냅니다. 하지만 윤곽이 뚜렷하지 않아서 흐릿한 별처럼 보이지요.

혜성이 태양을 향해 가까이 다가가면 태양열을 받은 핵 속의 얼음 성분이 녹으면서 공이나 타원형으로 변하게 되는데, 이것을 코마라고 합니다. 코마는 핵을 에워싼 뿌연 성운 같은 것으로, 지름은 대개 수만 km 남짓입니다. 코마는 태양열에 의한 증발이 강하면 강할수록 더욱 강력하게 빛난답니다.

혜성의 꼬리

혜성의 볼거리는 누가 뭐래도 아름답게 휘날리는 꼬리에 있지요. 1986년의 핼리 혜성은 그 기다란 꼬리를 다양한 각도로 뒤척이면서 밤하늘의 $\frac{2}{3}$를 덮어 버리는 장엄한 광경을 연출해 내었는데, 그때의 길이가 무려 1억 2,000만 km에 달했답니다.

지금까지 기록에 나타난 혜성 중 가장 긴 혜성의 꼬리는 1843년에 출현한 3억 2,000만 km였는데, 이것은 지구와 달 사이의 800배에 달하는 거리랍니다. 그러니 혜성의 꼬리를 보고 나서 궁금증이 생기지 않을 수 없겠지요.

'혜성의 꼬리는 왜 생기며, 그것의 정체는 무엇일까?'

혜성은 메탄, 암모니아와 같은 기체와 수증기가 꽁꽁 얼어붙어서 이루어진 얼음 덩어리랍니다. 이러한 몸뚱이가 태양에 접근하게 되면 어떻게 되겠어요? 아마 강렬한 태양열을 받아 혜성의 몸뚱이는 녹아서 증발해 버릴 겁니다. 얼음이 녹아 수증기로 날아가듯이 말입니다. 바로 이것이 혜성의 꼬리가 되는 것이지요.

즉, 딱딱하게 얼어붙어 있던 혜성의 몸뚱이가 태양의 열을 받아 증발하면서 혜성이 움직이는 반대쪽으로 뿌옇게 흩날리

태양

고 길게 늘어져 기다란 꼬리가 만들어지는 것이랍니다. 혜성의
꼬리가 태양의 반대쪽으로 나타나는 것도 이 때문입니다.

　태양에 가까이 접근할수록 열을 더욱 많이 받으므로 몸뚱
이의 증발량은 많아질 테고, 따라서 혜성의 꼬리가 더욱 길
어질 수밖에 없는 것입니다. 그게 바로 혜성의 꼬리가 태양
에 가까워질수록 길고 뚜렷해지는 이유입니다.

　혜성의 꼬리는 짧게는 수십만 km에서 길게는 수억 km까
지 다양하답니다.

혜성의 운동과 주기

태양계의 식구 가운데 운동 폭이 가장 넓은 것을 고르라면 당연히 혜성입니다. 위성은 행성 주위를, 행성은 태양 둘레를 공전하지요. 그래서 이들은 일반적인 천체 망원경으로도 관측이 가능하답니다. 하지만 혜성은 그렇지가 않답니다.

넓은 간격을 두고 운동하는 혜성의 궤도는 타원, 포물선, 쌍곡선의 모양을 띕니다.

타원과 포물선을 그리는 혜성은 사라졌다 다시 나타나는 주기 혜성입니다. 반면 쌍곡선으로 운행하는 혜성은 한 번 보이고 다시는 되돌아오지 않는 비주기 혜성입니다.

타원 궤도를 따라서 운행하는 혜성은 대부분 수백 년 이하의 짧은 주기를 갖는 단주기 혜성으로, 이심률은 0.1~0.9의 범위입니다. 이심률이란 타원의 이지러진 정도를 가리키는 양으로 0에 가까울수록 원에 가까운 모양이랍니다. 주기가 76년인 핼리 혜성은 대표적인 단주기 혜성이지요.

포물선 운동을 하는 혜성은 공전 주기가 상당히 길어서 평균 수십만 년 정도의 주기를 갖는 장주기 혜성입니다. 이러한 장주기 혜성의 원일점(태양으로부터 가장 멀리 떨어진 위치)은 지구 공전 궤도 반지름의 수만 배에서 수십만 배에 달하고 이심률은 거의 1에 근접한답니다.

역사적으로 유명한 몇몇 혜성의 궤도 주기와 발견 연도를 소개하면 다음 표와 같습니다.

혜성	궤도 주기(년)	발견 연도(년)
웨스트 혜성	558,300	1975
코후테크 혜성	80,000	1973
해머슨 혜성	3,000	1961
도나티 혜성	1,950	1858
크룰스 혜성	758	1882
1843년 대혜성	512	1843
엠케 혜성	3.3	1786

태양계 안에는 혜성이 10억 개쯤 있을 것으로 예상되고 있습니다. 하지만 이제까지 발견된 것은 고작 수천 개에 불과하답니다.

카이퍼 띠

혜성이 태양에 가까이 다가가면 태양풍과 복사 압력의 영향을 받아 얼음과 먼지와 기체가 흩날리듯 떨어져 나가는 장면이 연출됩니다. 이때 우리는 '대단한 장관이야!'라며 감탄사를 내뱉지만 당사자인 혜성의 입장에서 본다면, 그것은 자신의 몸뚱이를 잃는 격입니다.

여기서 사고 실험을 하겠습니다.

혜성이 지구를 향해 다가옵니다.

혜성은 태양풍과 복사 압력의 영향을 받아 적잖은 양의 구성 성분을 잃어버립니다.

이러한 일은 혜성이 지구를 방문할 때마다 일어납니다.

그러면 혜성이 다음번에 지구를 찾아왔을 때는

그 모양이 어떻게 되어야 할까요?

지난번보다 눈에 띄게 작아져야 할 것입니다.

그리고 그다음은 더 작아지고,

그다음은 그보다 더 작아져야 할 것입니다.

그렇다면 혜성이 지구를 방문하는 횟수가 많으면 많을수록

혜성의 크기는 갈수록 작아져야 할 것입니다.

그러다가 혜성의 몸통을 구성하는 마지막 성분이

우주 공간으로 떨어져 나가는 순간에는

혜성도 우주 공간에서 사라져 버려야 할 것입니다.

이러한 추론대로라면, 혜성의 크기는 시간이 흐를수록 작

아져야 하고, 그 숫자도 눈에 띄게 감소해야 할 것입니다. 그런데 매년 지구에서 관측되는 혜성의 크기와 숫자는 큰 변동이 없습니다. 이것은 정말 곰곰이 되짚어 보아야 할 자연의 아이러니가 아닐 수 없습니다.

이러한 난제를 해결하기 위해 미국의 천문학자 카이퍼 (Gerard Kuiper, 1905~1973)는 다음과 같은 제안을 했습니다.

"134340 플루토(구 명왕성) 너머에 소규모 천체의 무리가 띠의 형태로 존재하고 있다."

카이퍼는 태양계가 생성된 초기에 행성을 만들고 남은 조각이 134340 플루토 바깥에 띠처럼 길게 걸쳐 있다고 본 것입니다. 그러면서 그는 혜성이 태양계로 들어오고 돌아가는 장소가 바로 그곳이라고 주장했습니다.

카이퍼의 설명대로 그곳이 정녕 혜성의 저장 창고인지 아닌지는 아직까지 명확한 진위가 판명되지 않았습니다. 하지만 그의 예상대로 134340 플루토 바깥에 소규모 천체들이 기다란 띠를 형성하고 있음은 고성능 천체 망원경으로 확인되었습니다. 이 띠를 카이퍼 띠(Kuiper Belt)라고 합니다.

태양계의 끝, 오르트 구름

카이퍼에 앞서 혜성 창고에 대한 아이디어를 제안한 과학자가 있었습니다. 네덜란드의 천문학자 오르트(Jan Oort, 1900~1992)입니다. 오르트는 태양계 너머의 우주 공간에 태양계를 휘감는 구름층이 존재한다고 보았습니다. 그것을 오르트의 구름(오르트 혜성운)이라고 했습니다.

현재까지 밝혀진 태양계의 행성은 '수성, 금성, 지구, 화성, 목성, 토성, 천왕성, 해왕성' 이렇게 모두 8개입니다. 하지만 이 모두가 한꺼번에 우리에게 알려진 것은 아니랍니다. 옛사

태양계를 휘감는 구름층을 오르트의 구름이라고 합니다.

람들에게 익숙한 것은 토성까지였습니다. 천왕성이 발견된 것은 1781년이었고, 해왕성은 1846년에 알려졌습니다.

지금까지 태양계의 행성을 발견해 온 행적으로 볼 때 누구도 새로운 행성이 존재하지 않는다고 감히 단언할 수는 없을 것입니다. 태양계 내에 새로운 행성이 존재할지 모른다는 기대는 어찌 보면 당연하고 자연스러운 것입니다.

그러한 기대를 저버리지 않는 관찰 결과가 발표된 적도 있었습니다. 1992년, 134340 플루토(구 명왕성) 너머에서 천체를 발견했다는 소식에 천문학자들이 들뜬 적이 있었으니까요. 다만 아쉽게도, 새로 발견된 천체라는 것이 행성이라고 일컫기에는 작고, 그 수 또한 한두 개가 아니라는 것이었습니다.

태양계의 구성원이라 하면 태양을 공전하는 8개의 행성과 그 행성의 둘레를 회전하는 위성과 2,000여 개의 소행성과 유성이 포함됩니다. 그리고 거기에 어김없이 들어가는 또 하나의 천체가 혜성입니다.

이러한 사실을 놓고 생각할 때, 태양계의 끝을 해왕성까지라고 딱 잘라 생각하는 태도는 결코 바람직하지 않은 듯합니다. 혜성이 정녕 태양계의 구성원이라면, 그것의 저장 창고가 늠름히 존재하는 우주 공간까지를 태양계의 영역에 포함시키는 것이 자연스럽고 당연한 결정인 것입니다. 다만, 아쉬운 점이라면 아직까지 목성에도 발을 디뎌 보지 못해 혜성의 저장 창고까지 날아가서 그곳을 직접 탐험하지 못한다는 점입니다. 그날이 가까운 미래에 찾아오길 바랍니다.

과학자의 비밀노트

134340 플루토의 역사

134340 플루토는 2006년 7월까지 '명왕성'으로 불렸다. 1930년에 발견되었고, 반지름은 달보다 작은 1,151km밖에 되지 않는다. 태양계의 9번째 행성이던 명왕성은 2006년 8월 국제천문연맹(IAU)에서 행성의 분류법을 바꾸면서 왜소 행성(dwarf planet)으로 분류되었다. 왜소 행성으로는 두 번째로 큰 천체이다. 명왕성이 행성에서 제외된 이유는 명왕성 궤도 가까이에 있는 카이퍼 띠를 끌어들일 만큼 충분한 중력을 가지고 있지 않기 때문으로 보고 있다.

혜성은 태양계의 생성 초기에 행성이 되고 남은 찌꺼기로 만들어졌으므로, 면밀히 관찰하면 태양계의 기원을 알 수 있습니다.

1986년에 혜성이 지구에 다가왔을 때 천문학자들이 너나없이 고성능 천체 망원경과 인공위성으로 관측과 자료 분석에 열중한 이유는 바로 이 때문이었답니다.

혜성은 운석과 얼음, 먼지가 응어리져서 형성된 천체입니다. 머리와 꼬리로 이루어져 있는데, 머리는 다시 핵과 코마(coma)로 나뉩니다. 핵은 머리 쪽 중심에 위치해 있고 빛을 강하게 냅니다.

가스 꼬리

핵

코마

티끌 꼬리

수소 구름

여러분들은 혜성을 볼 때 뭐가 가장 인상적이었나요? 대부분 꼬리라고 말합니다. 그래서 혜성은 다른 말로 꼬리별이라고도 한답니다.

혜성이 태양과 가까워지면 혜성을 이루고 있는 얼음이 녹아 꼬리가 만들어진답니다. 혜성의 꼬리가 태양의 반대쪽으로 나타나는 이유도 이 때문이고요.

1986년에 나타난 핼리 혜성은 꼬리의 길이가 무려 1억 2,000만 km에 달했다고 합니다. 기록에 나타난 혜성 중 꼬리가 가장 길었던 혜성은 3억 2,000만 km였지요.

4

아인슈타인에게
자신감을 심어 준 **수성**

수성과 일반 상대성 이론은 어떤 관계일까요?
섭동 현상은 무엇이고, 벌컨은 무엇인지 자세히 알아봅시다.

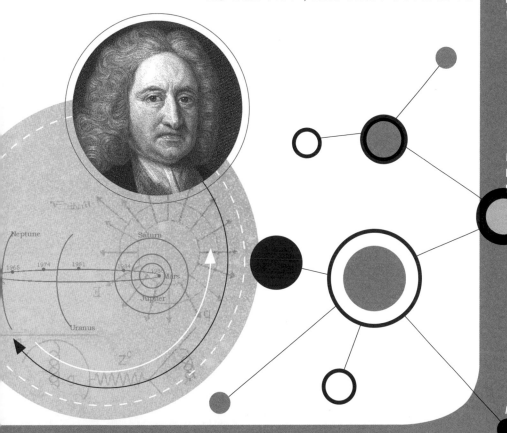

네 번째 수업

아인슈타인에게
자신감을 심어 준 수성

핼리가 아인슈타인에 대한 이야기로
네 번째 수업을 시작했다.

아인슈타인과 상대성 이론

20세기가 낳은 최대의 과학자 아인슈타인. 그는 이미 천재의 대명사가 되어 버렸습니다. 하지만 찬란한 명성과 달리 아인슈타인의 어린 시절은 결코 화려하지 않았습니다. 언어 습득 능력은 보통 아이들보다 느렸고, 말수도 적은 데다 별난 구석이 많아 보이는 아이여서 친구와 선생님들로부터 따돌림과 조롱을 당하기 일쑤였습니다.

그러나 과학과 수학은 그런 아인슈타인을 지탱해 주는 든

든한 위안이었습니다. 대부분의 천재가 그렇듯이, 아인슈타인은 창의성을 무시한 엄한 암기 위주 교육에 진저리를 쳤습니다. 자신의 적성이 물리학 쪽이라는 사실을 안 것은 스위스 연방 공과 대학에 입학하고 나서였습니다. 하지만 대학에서의 학업도 아인슈타인을 완벽하게 만족시켜 주지는 못했습니다. 훗날 그는 이렇게 말했습니다.

"학교 생활이 어찌나 답답했던지, 진정한 탐구 의욕과 자유로운 연구 정신을 기대한다는 건 기적이나 다름없었습니다."

대학을 졸업한 아인슈타인은 스위스 특허사무국의 하급 심사관으로 근무하면서 본격적으로 시간과 공간에 대한 생각을 펼쳐 나갔습니다. 그리고 1905년 마침내 찬란한 사고의 성과물을 내놓았는데, 그것이 특수 상대성 이론이랍니다.

특수 상대성 이론이 발표되자, 세계는 발칵 뒤집혔습니다. 그 안에 담고 있는 내용이 혁명적이기 때문이었습니다. 속도가 빨라지면 질량이 증가한다거나, 길이가 줄어든다거나, 시간이 느려지는 등의 결과는 기존의 생각으로는 도저히 받아들이기 어려운 것이었지요.

아인슈타인의 천재성은 여기에서 멈추지 않았습니다. 물리학자라면 자연의 비밀을 하나의 법칙으로 산뜻하게 묶어 완성해 내는 일을 꿈꿉니다. 그가 희대의 천재라면 그러한 바람은 더욱 클 수밖에 없었겠지요. 그런 차원에서 특수 상대성 이론은 아인슈타인의 욕망을 채워 주기엔 분명 부족한 이론이었습니다.

특수 상대성 이론이 보편적이고 궁극적인 이론이 되기 위해선 한정된 환경에서 벌어지는 현상만을 표현해 내는 데 그쳐서는 안 되었습니다. 그런데 특수 상대성 이론은 등속 상황에서 야기되는 사건만을 설명하는 데 그쳤습니다. 아인슈타인은 이 점을 아쉬워했고, 이것이 그를 상대성 이론의 일반화로 매진하게 하는 직접적인 원인이 되었습니다.

우리는 아인슈타인이 일반 상대성 이론을 아주 쉽게 완성해 냈을 것이라고 짐작합니다. 그가 한 세기에 한 명 나올까 말까 한 천재 중의 천재라는 사실을 수없이 들어온 데다, 특수 상대성 이론을 완성하고 나서 이렇게 말했기 때문입니다.

"시간과 속도 사이에 얽힌 의혹을 풀고 나서 특수 상대성 이론을 완성하는 데는 단 5주가 걸렸을 뿐입니다."

그러나 실제로 아인슈타인이 일반 상대성 이론을 구축하기 위해 노력한 과정은 결코 쉽지 않았습니다. 그것이 얼마나 힘든 여정이었는가는 아인슈타인이 훗날 이야기한 다음의 짧은 문장에 고스란히 담겨 있습니다.

"이 작업과 비교하면 특수 상대성 이론은 아이들 장난에 불과하다."

힘겹긴 했지만 결국 아인슈타인은 일반 상대성 이론을 완성했습니다. 그동안 아인슈타인이 의지할 수 있었던 건 오로지 자신의 두뇌 하나뿐이었습니다.

그러다 보니 일반 상대성 이론을 완성하는 그 순간까지도 일말의 불안감이 그를 옥죄었고, 일반 상대성 이론을 완성해 놓고도 세상에 드러내 놓는 데 확신을 갖지 못했습니다. 그래서 자신이 유도한 중력장 방정식이 맞는지를 스스로 검증해 보고자 검증 대상으로 수성을 선택했습니다.

대안으로 생각한 섭동 현상

20세기 초까지 풀리지 않은 수성의 미스터리가 있었습니다. 이 이야기는 300여 년 전으로 거슬러 올라갑니다.

독일의 케플러(Johannes Kepler, 1571~1630)는 태양계의 행성들이 타원 궤도를 그리며 태양 둘레를 공전한다는 법칙을 발견했고, 뉴턴(Isaac Newton, 1642~1727)은 만유인력의 법칙을 이용해 그것을 입증했습니다. 그런데 문제는 그 후에

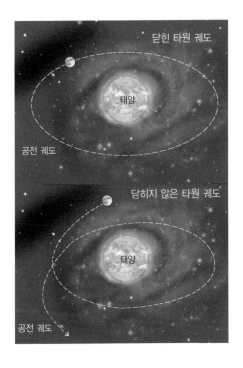

나타났습니다. 수성의 공전 궤도를 연구하던 천문학자들은 뜻밖의 결과에 놀랐습니다. 케플러의 법칙이나 만유인력의 법칙이 무색하게, 수성의 공전 궤도는 닫힌 타원이 아니었던 것입니다.

닫힌 타원이란 타원의 시작과 끝이 일치하는 타원을 말합니다. 행성이 타원 궤도를 일주한 후에 다시 처음의 위치로 정확히 되돌아오는 궤도를 닫힌 타원 궤도라고 합니다.

천문학자들은 결과를 도출하는 과정에서 실수가 있지 않나 싶어 중간 과정을 반복해서 검토하고 또 검토해 보았습니다. 그러나 잘못된 것은 없었습니다.

"뉴턴이 틀린 건가?"

그들은 급기야 천체 운동 법칙의 철옹성으로 여기고 있던 만유인력의 법칙에 대해서 의심해 보았습니다. 그러나 뉴턴의 이론을 거부하기보다는 다른 쪽에서 수성의 미스터리를 풀려고 시도했는데, 섭동 현상이 그것이었습니다.

섭동이란 주변 천체들이 천체의 운동에 영향을 미치는 현상입니다. 수성을 예로 들어 설명해 보겠습니다. 만유인력의 법칙은 물체 사이에 끌어당기는 힘이 작용한다고 말합니다. 그래서 태양, 수성, 금성, 지구, 화성, 목성, 토성, 천왕성, 해왕성 등의 태양계 속 천체가 서로서로 다양한 인력을 주고받

습니다.

수성은 태양에서 가장 가까운 금성에서부터 가장 먼 해왕성에 이르기까지 태양계 내 모든 천체와 크고 작은 당김을 주고받아야 합니다. 그리고 그렇게 생긴 힘이 복합적으로 한데 어우러져서 수성의 운동을 결정하게 됩니다. 그러니 수성의 공전 궤도도 이러한 섭동의 영향을 전부 고려하고, 그 영향을 만유인력의 법칙으로 계산하면 수성의 올바른 공전 궤도를 예측할 수가 있습니다.

따라서 과학자들은 실제로 계산해 보았습니다. 그러나 뉴턴의 법칙을 이용해서 계산한 수성의 공전 궤도와 관측한 자료를 바탕으로 그린 수성의 공전 궤도가 일치하지 않았습니다.

과학자들은 당혹스러움을 감추지 못했습니다. 그런데도 그들은 뉴턴의 법칙을 버리지 않았습니다. 대신 벌컨(vulcan)이라는 것을 찾기로 했습니다.

벌컨을 상상케 한 앞선 발견

18세기 중반까지 사람들에게 알려진 태양계의 가족은 토성까지였습니다. 천왕성과 해왕성은 아직은 발견되지 않은 상태였습니다.

뉴턴은 중력 이론을 태양계 행성에 적용해 보았습니다. 태

태양계에 또 다른 행성이 있습니다!

양, 수성, 금성, 지구, 화성, 목성, 토성으로 이루어진 태양계
가 어떤 모양을 하고 있는지 알아보기 위해서였습니다. 그런
데 뜻밖의 결과가 나왔습니다.

뉴턴은 이 결과를 다음과 같이 해석했습니다.

"태양계에 또 다른 행성이 있다."

뉴턴이 이렇게 말할 수 있었던 근거는 무엇일까요?

사고 실험을 해 보지요.

뉴턴의 중력 법칙대로라면, 태양계 속 행성은 서로 잡아당겨야 해요.

수성과 금성, 금성과 지구, 지구와 화성, 화성과 목성,

목성과 토성 등이 끊임없이 끌어당겨야 하는 거예요.

태양계의 행성은 이러한 힘을 주고받으며

누구야?

쟤 때문에
힘이 더 들어~

서로 팽팽히 균형을 이루고 있어요.

그래서 태양계의 모습이 일정한 형태로 규정되는 거예요.

그런데 새로운 행성이 여기에 끼어든다고 해 봐요.

행성끼리 잡아당기는 힘이 달라질 거예요.

둘이 잡아당길 때와 셋이 잡아당길 때,

셋이 잡아당길 때와 넷이 잡아당길 때의 힘이 같을 수는 없으니까요.

이전의 팽팽한 균형이 깨질 수밖에 없는 이유예요.

태양계의 모습이 달라진다는 이야기지요.

뉴턴은 아직 발견되지 않은 미지의 행성이 태양계 내 어딘가에 있을 것이라고 추론했습니다. 1781년 영국의 천문학자 허셜은 뉴턴의 이러한 예측이 그르지 않다는 것을 증명했습니다. 손수 제작한 천체 망원경으로 천왕성을 발견함으로써 태양계의 공간을 토성 너머까지 넓히는 서막을 연 것이었습니다. 이것은 천문학이 한 단계 도약하는 계기를 만들어 주었습니다.

천문학자들의 관심은 온통 천왕성에 쏠렸습니다. 그들은 천왕성의 모든 것에 관해 알고 싶어 했고, 천왕성의 모습을 한순간이라도 놓칠세라 망원경에서 눈을 떼지 않았습니다. 그러던 중 이상한 점을 발견하였습니다.

"궤도가 흔들리는걸."

뉴턴의 만유인력 법칙으로 계산한 천왕성의 궤도가 실제로 측정한 값과 차이를 보이는 것이었습니다.

"어찌 된 일이지!"

과학자들은 무척 당혹스러웠으나 뉴턴을 믿었습니다. 그들은 이 결과를 이렇게 해석했습니다.

"천왕성 밖에 또 다른 미지의 행성이 있다."

천왕성의 궤도가 이지러진 원인이 천왕성 근처에 새로운 천체가 있기 때문이라고 해석한 것입니다. 천왕성 너머에 미

해왕성의 발견에는 섭동의 원리가 결정적인 구실을 했습니다.

보여?

응, 보여!

지의 행성이 존재한다면, 그 천체와 천왕성이 끌어당길 터이므로 이론으로 계산한 공전 궤도와 실제 공전 궤도 사이에 차이가 있으리라는 건 어렵지 않은 예측이었습니다.

"섭동 현상입니다."

천문학자들은 천왕성 밖 어디쯤에 새로운 행성이 있을 것인지를 계산했습니다. 그러고는 천체 망원경을 동원해 그곳을 샅샅이 뒤졌습니다.

예상한 대로 그곳에는 또 하나의 행성이 있었습니다. 이것이 태양계의 여덟 번째 행성인 해왕성입니다. 해왕성의 발견에는 이처럼 섭동의 원리가 결정적인 구실을 했습니다.

수성과 섭동

새로운 천체에 의한 섭동 때문에 천왕성의 공전 궤도는 실제와 달랐습니다. 여기서 해왕성을 발견할 수 있었습니다. 이러한 선례에 따라, 수성에도 섭동 현상을 적용해 볼 수 있지 않을까 하고 생각하는 것은 지극히 당연한 발상이었습니다. 게다가 18세기 말 라플라스(Laplace, 1749~1827)는 섭동을 받으면 행성의 궤도가 닫힌 타원 궤도가 되지 않을 가능성이 있다는 사실을 증명하기까지 했습니다.

1859년 르베리에(Leverrier, 1811~1877)는 섭동 현상의 유무에 따라 수성에 얽힌 문제를 조목조목 나누어 설명했습니다.

섭동 현상이 없으면, 수성의 공전 궤도는 일정한 방향으로 회전하는 타원을 그린다. 섭동 현상이 있으면, 수성의 공전 궤도는 장미꽃 모양이 된다.

르베리에는 태양계 행성이 수성에 미치는 섭동 결과를 계산했습니다. 영향이 가장 큰 것은 금성이었고, 그다음은 목

수성에 섭동 현상을 일으키는 행성	섭동의 이론 각도(1°는 3,600초)
금성	278초
목성	153초
지구	90초
토성	7초
나머지 천체들	3초
모두 합한 총 각도	531초

성, 그리고 지구의 순이었습니다.

수성의 움직임을 면밀히 관측해서 얻은 값은 100년(1세기)에 574초 정도 벌어지는 것으로 확인되었습니다. 수성이 장

미꽃 모양의 궤도를 다 그리고 나서 원래의 점으로 다시 되돌아오기까지는 2,258세기가 걸린다는 말입니다.

2,258세기란 답이 나온 근거는 이렇습니다. $1°$는 3,600초이니, $360°$는 $360 \times 3,600$초입니다. 이 수치를 574초로 나누면 약 2,258이란 수치가 나옵니다.

실제 측정 값 574초와 이론 값 531초가 보여 주듯, 43초라고 하는 엄연한 차이가 존재합니다. 이를 놓고 의견이 분분했는데, 가장 설득력 있게 받아들여진 주장이 새로운 행성 벌컨을 상상하는 것이었습니다.

실패로 끝난 벌컨 찾기

미지의 행성이 수성 근처에 존재한다면, 수성보다 앞쪽에 있을 가능성이 높습니다. 수성과 금성 사이에 있다면, 이미 그 존재가 알려졌을 확률이 높을 테니까요. 그렇다면 미지의 행성은 상당히 뜨거울 것입니다. 태양에 가장 근접해 있는 행성이 될 테니까요. 그래서 그리스 로마 신화 속에 등장하는 불의 신 불카누스에서 이름을 따와 그 미지의 행성에 '벌컨'이란 이름을 붙였답니다.

물리학자들은 수성의 섭동 문제를 풀기 위해서 그 무렵까지 가장 신뢰할 수 있는 뉴턴의 중력 이론을 사용했습니다. 그리고 벌컨이 있을 만한 지역을 샅샅이 뒤졌습니다. 하지만 벌컨은 보이지 않았습니다. 간혹 미지의 행성을 발견했다는 보고가 있기는 했으나, 확인 결과 모두 진실이 아닌 것으로 드러났습니다.

뉴턴의 이론을 믿어 의심치 않았던 물리학자들은 당혹감에 빠지지 않을 수 없었습니다. 만유인력이 우주의 삼라만상을 보란 듯이 설명해 줄 것으로 확신했던 천체 물리학자들은 혼돈스러웠습니다. 벌컨이라는 미지의 행성에 적용한 섭동 현상은 빠르게 힘을 잃어 갔습니다. 한쪽에선 뉴턴의

이론을 버려야 하는 게 아니냐고 드러내 놓고 의심하기 시작했습니다.

19세기 물리학은 심각한 딜레마에 빠지며 새로운 천재와 혁신적인 이론의 등장을 애타게 기대하게 되었습니다.

아인슈타인의 해결

수성의 공전 궤도에 얽힌 이러한 사실을 아인슈타인은 익히 알고 있었습니다. 일반 상대성 이론의 진위를 스스로 점검해 보고자 했던 아인슈타인에게 이것은 더할 나위 없이 좋은 재료였습니다.

'43초의 원인이 무엇일까?'

아인슈타인의 진지한 고민은 이어졌습니다.

'일반 상대성 이론에 따르면 뉴턴의 중력 이론은 완벽하지 못하다. 만유인력으로 수성 문제를 해결하지 못했으니, 남은 건 내 이론뿐이다. 실험으로 확정된 건 아니지만, 나는 내 이론을 믿는다. 내 이론을 수성의 공전 궤도에 적용해 보자.'

아인슈타인은 수성 문제의 해결책으로 시공간의 일그러짐을 생각했습니다. 수성의 공전 궤도가 장미꽃 모양의 궤도를 그리는 것이 수성 주변의 시공간이 중력장에 의해 휘어졌기 때문이라고 본 것입니다.

'내 이론으로 푼 수성 궤도가 43초 차이의 오차를 보정해 준다면, 일반 상대성 이론에 대한 나의 믿음은 더욱 굳어질 것이다.'

아인슈타인은 방정식을 풀었습니다. 그리고 곧 문제를 해결했습니다. 답을 바라보는 아인슈타인의 눈은 환희 그 자체였습니다.

수성 주변의 시공이 일그러졌다고 본 아인슈타인의 생각이 들어맞은 것입니다. 훗날 아인슈타인은 당시의 기쁨을 이렇

수성 궤도에 나타나는 43초 차이의 오차 보정은 아인슈타인의 이론이 널명해 주었답니다.

게 표현했습니다.

"뉴턴의 이론으로도 설명하지 못한 수성의 문제를 일반 상대성 이론으로 풀어 내었을 때, 나는 가슴속에서 무언가가 터져 나오는 절정의 기분을 맛보았습니다. 기쁜 나머지 수일 동안 나 자신을 잊어버릴 정도였습니다."

아인슈타인은 확신을 갖고 1916년 일반 상대성 이론을 발표했습니다.

어느 역사학자는 이렇게 말합니다.

"현대의 출발은 아인슈타인의 일반 상대성 이론에서 시작한다."

일반 상대성 이론을 완성하는 그 순간까지도 고민이 많았답니다.

아인슈타인 선생님, 무슨 고민이요?

내 이론이 맞는지 아닌지 확신이 없어서 세상에 드러내지 못하고 있었어요.

확실한지 검증해 보이면 되지 않았나요?

네, 그래서 20세기 초까지 풀리지 않던 수성의 미스터리에 상대성 이론을 적용해 보았습니다.

수성의 미스터리요?

태양계의 행성은 모두 타원의 시작과 끝이 같은 닫힌 타원 궤도를 돌며 공전을 해요. 그런데 수성만은 닫힌 타원이 아니었던 것입니다. 많은 학자들은 이것에 의문을 품고 풀기 위해 노력했어요.

닫힌 타원 궤도

닫히지 않은 타원 궤도

결국 학자들은 수성 주변에 미지의 행성이 있어 그 영향 때문에 수성이 닫힌 타원 궤도를 그리지 않는다는 생각하게 되었어요. 그리고 이 행성에 벌컨이라고 이름까지 지었답니다. 그러나 끝내 벌컨의 존재를 확인하지 못했어요.

그럼 이 문제에 선생님의 상대성 이론을 적용하신 건가요?

맞아요. 나는 수성 궤도의 43초 차이의 오차를 일반 상대성 이론으로 풀어냈답니다. 그리고 이것에 확신을 얻고 드디어 1916년에 일반 상대성 이론을 발표했어요.

와~, 선생님 대단하세요.

외계 생명체와 화성

화성은 생명체가 살기에 적당한 행성일까요?
행성에서 생명체가 살 수 있는 환경에 대해 알아봅시다.

5

다섯 번째 수업

외계 생명체와 화성

핼리가 1996년의
미국 항공 우주국의 발표를 인용하며
다섯 번째 수업을 시작했다.

화성에서 날아온 운석

1996년, 미국 항공 우주국은 놀랄 만한 발표를 했습니다.

"1만 3000년 전 지구에 낙하한 화성의 운석에서 외계 생물
체가 존재할 가능성이 보이는 증거를 포착했습니다. 이 생명
체는 극히 미세하고 단세포적인 구조를 갖고 있으며, 지구에
서식하는 박테리아와 매우 흡사합니다. 하지만 아직은 이보
다 더 진화한 고등 생물이 화성에 존재한다는 그 이상의 암시
나 증거를 확인하지 못했습니다."

미국과 유럽 언론은 미공개 자료를 인용해 문제의 운석이 1984년 남극의 빙하 지대에서 발견되었고, 자연 그대로의 원시 미생물 화석을 포함하고 있으며, 최첨단 전자 현미경과 레이저 스펙트럼 분광기를 이용해서 약 35억 년 전 지구에 생존했던 박테리아와 매우 유사하다는 사실을 확인했다고 보도했습니다.

한편 이 운석은 화성 표면이 폭발할 때 떨어져 나와 지구에 왔을 가능성이 높다고 주장하는 과학자들도 있으며, 일부 과학자들은 생명체의 활동과는 무관할 수 있다며 의문을 제기하고 있습니다.

화성 생명체

1976년 화성 탐사선 바이킹 1호와 2호가 화성에 착륙했습니다. 화성의 토양은 대부분 규소와 철로 이루어졌으며, 화학적으로 산소와 결합한 상태였습니다. 철과 산소가 결합해서 산화하면 녹이 스는 것은 당연한 결과입니다. 화성이 불그스레한 색을 띠는 것은 다 그러한 이유 때문이었습니다.

화성의 대기는 이산화탄소가 95%로 거의 대부분을 차지하고, 그다음으로 질소 2.6%, 아르곤 1.6%로 구성되어 있습니다. 화성은 산소가 풍족하지 않아서 숨을 쉬기에는 곤란하답니다.

화성이 붉은색을 띠는 까닭은 화성의 토양이 대부분 규소와 철로 이루어졌기 때문입니다.

빨강네~

철이라도 들어 있는 건가?

화성은 지구 질량의 11%에 불과합니다. 크기가 작아서 평균 지름도 지구의 반밖에 안 되는 6,788km입니다. 그래서 중력은 지구의 40% 남짓한 수준에 머문답니다. 중력이 작다 보니 대기의 양이 지구보다 훨씬 적습니다. 이것은 대기가 내리누르는 압력, 즉 대기압이 지구보다 약하다는 의미입니다. 화성의 대기압은 지구의 $\frac{1}{150}$에 불과하답니다. 그러다 보니 화성 표면에 서 있게 되면, 적응되지 않은 대기압 탓에 우리 몸속의 피가 부글부글 끓어오르게 된답니다.

인체 속에는 산소를 포함한 갖가지 기체가 녹아 있습니다. 기체는 압력이 높을 때 잘 녹는 특성이 있지요. 즉, 기체의 용해도는 고압일수록 커집니다. 깊은 물속은 수압에 의해 압력이 높은 상태여서 잠수부 몸속의 여러 기체가 녹아 있습니다. 그런데 대기압이 약한 수면으로 갑자기 올라가면, 갑작스럽게 압력이 낮아진 탓에 녹아 있던 것들이 기체로 되돌아가기 위해 발버둥칠 것입니다.

그렇게 되면 자연스레 기포가 생기고, 그것이 혈관을 막게 됩니다. 혈관이 막혔으니 피의 순환이 제대로 이루어질 리 없고, 잠수부는 호흡 곤란을 느끼는 위험한 상황을 맞게 됩니다. 이것이 잠수병입니다. 수심이 깊은 바닷속으로 잠수한 잠수부가 작업을 끝내고 해수면으로 올라올 때에는 절대로 급히 상승하면 안 됩니다. 이와 같은 원리로 지구보다 대기압이 낮은 화성에서는 사람의 몸속 기체가 부글부글 끓어오르는 현상이 나타나는 것입니다.

화성에서 물이 발견된 적은 없습니다. 하지만 물이 있었던 흔적은 발견되었기 때문에 과학자들은 지하 깊숙이 더러 스며들어 있을 것이라고 추측할 뿐입니다. 그리고 화성은 지구보다 태양으로부터 멀리 떨어져 있는 데다가 대기도 많지 않아서 기온이 상당히 낮답니다.

화성의 이러한 특성을 감안하여 화성에 식물이 생존한다면, 아마도 지하 깊숙한 곳에 있는 물을 찾아 본능적으로 뿌리를 깊게 내릴 것입니다. 따라서 화성에 사는 식물은 뿌리

에이~
작네~!

엥?
여기까지 뿌리가…….

가 유달리 긴 형태를 띨 것입니다.

화성은 지구처럼 대기가 풍족하지 못해 지구의 오존층과 같이 자외선을 막아 주지 못한답니다. 자외선은 생명체에게 치명적인 빛입니다. 그러한 태양 광선을 그대로 맞아야 하니, 화성 생명체는 자외선에 유달리 강한 피부를 갖고 있어야 할 것입니다.

또한 평균 기온이 낮은 화성에서 살아가려면 열손실을 최소로 줄여야 합니다. 그래서 식물 같은 경우 온도가 급격히 내려가는 밤에는 표면적을 될 수 있는 한 최대로 줄여야 합니다. 반면, 낮에는 광합성을 하여 대기의 95%를 차지하는 이산화탄소를 마음껏 흡수하고 산소를 내뿜기 위해서 잎을 가

능한 넓게 펼쳐야 합니다. 그러자면 잎은 넓고, 쉽게 감고 말
수 있도록 얇으며 유연성이 좋아야 할 것입니다.

화성의 지구화

달은 이미 인류가 정복했으므로 다음 목표는 화성입니다.
하지만 화성으로의 비행은 그리 만만치가 않답니다. 왜냐하
면 거리가 너무 멀기 때문이지요. 물론 지구와 화성이 가까
워지는 시기를 잡아서 어떻게 비행을 하느냐에 따라 기간을
상당히 줄일 수 있지만, 그래도 현재의 과학 기술을 이용해
서 5개월 이하로 단축시키기는 어렵습니다.

그렇다고 화성에 도착한 우주선이 없는 것은 아닙니다.
1976년 바이킹 1호와 2호가 화성 표면에 착륙했고, 1996년
12월 4일 발사한 화성 탐사선 패스파인더 호가 1997년 7월
4일에 화성에 도착하기도 했습니다. 그러나 이것은 사람이
타지 않은 무인 우주선이었습니다.

화성행 우주선에 사람을 태우느냐 태우지 않느냐는 굉장히
큰 차이가 있습니다. 무인 우주선은 연료만 넣어서 보내면
되지만 유인 우주선은 그럴 수가 없답니다. 먼저 우주 비행

사들이 수개월 동안 먹을 음식물을 넉넉히 채워야 하고, 이
것을 저장할 수 있는 창고도 마련해야 하며, 마실 산소도 충
분히 준비해 놓아야 하지요. 이 무게 또한 결코 만만치가 않
습니다. 그러다 보니 연료도 무인 우주선보다 훨씬 많이 들
게 되지요. 따라서 유인 우주선이 화성으로 가려면 현재의
우주 왕복선보다 더 뛰어난 우주선을 개발해야 합니다.

　하지만 이것으로 끝난 게 아닙니다. 화성에 무사히 도착해
도 고민은 남아 있습니다. 오랜 비행 끝에 막대한 돈을 들여
화성에 착륙했는데, 하루 이틀 머물고 곧바로 지구로 돌아간
다는 건 아무래도 좀 아쉽지요. 아니, 그보다도 우주 비행사
들의 건강이 몹시 우려됩니다. 수개월 동안 무중력 공간을

비행하며 우주선에 갇혀 있다 보면, 인체에 이상 징후가 나타날 수가 있거든요. 그래서 우주 비행사들에게 무기력증이나 의욕 상실감이 생길지도 모릅니다.

우주 비행사의 몸이 아프거나 다치는 일이 발생한다면, 상황은 아주 복잡해집니다. 3일 정도 지구에서 달로 떠난 우주 비행이라면 버텨 볼 수 있겠지만, 아픈 몸으로 수개월을 우주 공간에서 버틴다는 건 불가능한 일입니다.

그래서 화성행 우주선에는 언제 어디서 어떻게 발생할지 모를 응급 상황에 곧바로 대처할 수 있는 의료 장비를 철저히 갖춰야 한답니다. 그뿐만 아니라 그러한 의료 장비를 다룰 수 있는 의료진도 함께 동승해야 하지요.

지구는 포화 상태입니다. 인구는 나날이 증가하고, 공해 문

제는 심각하기 이를 데 없습니다. 그래서 오래전부터 생각한 것이 지구와 환경이 비슷한 화성을 제2의 고향으로 만들자는 것이었습니다. 화성을 지구화하기 위해선 무엇보다 많은 양의 액화 수소를 가져가야 합니다.

액화 수소는 화성의 이산화탄소와 반응해 메탄과 수증기를 만듭니다. 메탄은 요리를 하고 난방을 하는 데 이용하는 천연가스입니다. 메탄은 로켓의 연료로도 사용할 수가 있습니다. 화성에 도착한 우주선이 지구로 귀환하는 데 액화 수소와 이산화탄소를 반응시켜 얻은 메탄을 사용할 수 있는 겁니다.

메탄을 연소시키려면 반드시 산소가 필요합니다. 산소는 액화 수소를 이산화탄소와 반응시켜 얻은 물을 전기 분해해

얻을 수 있습니다. 이 과정에서 수소가 발생하는데, 이것을 다시 화성의 이산화탄소와 반응시켜서 메탄과 물을 재생산할 수 있습니다. 화성을 지구화하는 방법은 우선 이렇게 진행될 수 있습니다.

생물이 살 수 있는 환경

아직까지 화성에 생명체가 산다는 확실한 증거는 확보하지 못했습니다. 행성에 생물이 살기 위해선 온도, 공기, 물 등의 부대 조건이 충족되어야 합니다. 물론 이것이 절대적이라고 딱 잘라 말할 수는 없습니다. 하지만 물이 액체 상태로 존재하는 환경이라면 생명체가 살아가는 데 큰 어려움은 없을 것입니다.

생명체가 살 수 있는지 없는지는 항성의 온도에도 적잖은 영향을 받습니다. 항성의 온도가 많이 낮으면 행성이 항성 가까이로 모이게 되고 영역이 좁아져서 생물체가 존재할 확률이 그만큼 낮아집니다. 항성의 온도가 많이 높으면 또 다른 문제가 발생합니다.

뜨겁다는 건 에너지 소모가 많다는 것입니다. 수소가 빠른

속도로 소모된다는 뜻으로, 이럴 경우 별의 수명은 1억 년 이하로 뚝 떨어지게 됩니다. 지구에 최초의 생명체가 탄생한 것이 35억 년 전이라는 사실을 상기해 보면 1억 년 이하의 기간은 생물의 진화는커녕 태동을 위해서도 너무 짧은 기간이랍니다. 그래서 너무 차갑거나 뜨거운 별 주위의 행성에선 생물이 서식할 확률이 낮아지는 것입니다.

결국 생명체는 지구와 유사한 환경을 갖고 있는, 온도가 적당한 별에서 탄생하고 진화할 가능성이 높은 겁니다. 태양계에 이러한 추론을 그대로 적용시켜 보면, 지구를 중심으로 안쪽으로는 금성, 바깥쪽으로는 화성 궤도에 걸치는 영역이 생명체가 터를 잡기에 적당한 공간이라고 볼 수 있습니다.

이외에도 생명체의 존재 가능성은 행성의 크기와도 적잖은 관계가 있습니다. 행성이 작으면 중력이 작아서 대기가 우주 공간으로 쉽게 달아나 버립니다. 바로 달에 대기가 없는 이유이지요. 하지만 반대로 행성이 크고 무거우면 원시 대기가 그대로 눌러앉아 있게 되어 생물에 필요한 산소가 부족하게 됩니다. 이건 생물의 탄생과 진화를 어렵게 하는 요인이지요.

이러한 모든 조건을 종합해 보면, 우리 은하계 속 1,000억여 개에 달하는 별들 중 $\frac{1}{100}$ 정도가 생물이 서식하기에 적당한 환경을 갖추고 있을 것으로 예상합니다.

하지만 100℃ 이상의 고온에서 미생물이 발견되었다는 사실이 보도된 것을 보면, 반드시 산소만 필요한 생명체만 있으란 법은 없습니다. 이산화탄소나, 암모니아, 탄소만 있으면 살 수

우주에는 고등 생명체가 얼마나 있을까?

있는 생명체가 있을 수 있다는 것은 누구도 모를 일이겠지요. 다만 지구에 사는 인간처럼 다른 행성에 사는 고등 생명체가 하루빨리 우리 앞에 우정 어린 손길을 내밀어 주길 바랄 뿐입니다.

드레이크 방정식

1970년, 미국 항공 우주국의 연구 센터에 모인 과학자들 앞에서 드레이크(Fran Drake, 1930~) 교수는 '우주 생명 사회의 수'라는 이름으로 공식 하나를 발표했습니다. 이것을 '드레이크 방정식'이라고 하는데, 외계 생명체의 수를 가늠해 보기 위해서 고안한 것입니다. 드레이크 방정식은 다음과 같은 형식을 하고 있습니다.

$$N = R^* \times f_p \times n_e \times f_l \times f_i \times f_c \times L$$

여기에 쓰인 7개의 변수는 다음과 같은 의미를 담고 있습니다.

N : 우리 은하 내에 존재하는 교신이 가능한 문명의 수

R' : 우리 은하 안에서 탄생하는 항성의 생성률(우리 은하 안의 별의 수 / 평균 별의 수명)

f_p : 이들 항성이 행성을 갖고 있을 확률(0에서 1 사이)

n_e : 항성에 속한 행성들 중에서 생명체가 살 수 있는 행성의 수

f_l : 조건을 갖춘 행성에서 실제로 생명체가 탄생할 확률(0에서 1 사이)

f_i : 탄생한 생명체가 지적 문명체로 진화할 확률(0에서 1 사이)

f_c : 지적 문명체가 다른 별에 자신의 존재를 알릴 수 있는 통신 기술을 갖고 있을 확률(0에서 1 사이)

L : 통신 기술을 갖고 있는 지적 문명체가 존속할 수 있는 기간 (단위 : 년)

드레이크 방정식을 우리 은하에 적용해 보면, 아이러니컬하게도 $N=1$이란 결과가 나온답니다. 이것은 크게 낙관적이지도 그렇다고 절대 비관적이지도 않은 수치를 집어넣어서 산출한 결과입니다.

'$N=1$'의 의미는 우리 은하에 존재하는 별들 가운데 지적 능력을 갖고 있는 생명체가 단 하나뿐이란 뜻입니다. 그렇다면 우리 은하 내에 지적 능력을 갖고 있는 고등 생명체는 인

류뿐이라는 건데, 곰곰이 생각해 보면 그다지 납득할 수 없는 결과만은 아닌 듯싶습니다.

누구에게라도 확실한 생명체의 세계를 대 보라고 했을 때 머릿속에 당장 그려지는 곳은 지구, 단 하나뿐이니까요. 그래서 $N = 1$인 것이고, 적어도 지금 이 순간까지는 지구인이 우주의 중심적 생명체일 수밖에 없는 것입니다. 과거 코페르니쿠스(Copernicus, 1473~1543)가 지구가 움직인다는 사실을 과감히 지적하기 전까지 아무도 그 사실을 몰랐던 것처럼, 적어도 아직까지는 그렇단 말입니다.

파이오니어 10호 속 소망

파이오니어 10호는 목성과 화성 탐사를 무난히 완수하고 1997년 3월 31일 자유의 몸이 되었습니다. 이제는 명예 퇴직한 셈이지만 여전히 인류의 꿈을 실어 나르고 있습니다. 우주 어디엔가 존재하고 있을 지구 밖 생명체에게 보내는 메시지가 파이오니어 10호에 담겨 있는 겁니다.

최장수 우주 탐사라는 거창한 위업을 달성한 파이오니어 10호는 혹시 있을지도 모르는 우주인과의 만남에 대비해 지구에 대한 정보와 지구인의 친선 메시지를 담은 알루미늄 판을 태양계 너머로 나르고 있습니다.

금도금을 한 알루미늄 합금판은 가로 20cm, 세로 10cm의 직사각형 판입니다. 이것은 수천만 년 동안 부식되지 않고 충분히 원형을 그대로 보존할 수 있는 특수 판입니다. 알루미늄 판에는 벌거벗은 채 오른손을 들어 호의를 나타내는 남성과 그 옆에 서 있는 여성의 모습, 우주선의 크기, 태양계의 행성에 대한 안내와 지구 소개, 우주에 가장 많이 분포해 있는 수소 원자의 파장 등을 소개해 놓고 있습니다. 이 알루미늄 판은 《코스모스》라는 저서로 널리 알려진 천문학자 칼 세이건이 설계한 것이랍니다.

외계 생명체와의 만남을 간절히 원하는 소망이 하루빨리 이루어지길 고대합니다.

여기가 화성이랍니다.

박사님, 화성에는 생물이 살고 있나요?

생물이 터를 잡기 위해선 온도, 공기, 물 등의 조건이 충족되어야 하는데, 화성은 아직까지는 그렇지 못해요.

그럼 생물이 살기 위해 필요한 조건은 뭔가요?

별과 같은 항성은 온도가 너무 낮으면 행성이 별 가까이로 모이게 되면서 영역이 좁아져서 생물체가 존재할 확률이 낮아집니다.

그럼 온도가 높은 경우는요?

온도가 높다는 것은 에너지 소모가 많다는 뜻입니다. 이럴 경우, 별의 수명은 1억 년 이하가 되는데 1억 년은 생물이 태동하고 진화하기에도 너무 짧은 기간이죠.

1억 년이 생물이 태동하고 진화하기에 짧은 기간이군요.

하긴 지구만 해도 생명체가 탄생한 지 35억 년이 넘었으니….

그리고 온도 외에도 별의 크기도 중요해요. 너무 작으면 중력이 약해 대기가 모두 날아가고, 너무 크면 원시 대기가 그대로 눌러앉아 있게 돼 생물에 필요한 산소가 부족하게 됩니다.

네.

그러나 100℃ 이상의 고온에서 미생물이 발견되었다는 사실이 보도된 것을 보면, 꼭 지구와 비슷한 조건의 별에서만 생명체가 있으란 법은 없지요.

맞아요. 어딘가 생명체가 있는 별이 있을 거예요.

우리 같이 찾으러 가 봐요.

목성의 위성

목성의 위성에는 어떤 것들이 있을까요?
갈릴레이가 목성의 위성으로 어떻게 천동설을 무너뜨렸는지 알아봅시다.

6

여섯 번째 수업

목성의 위성

핼리가 여섯 번째 수업으로
태양계 최대 행성인 목성에 대한
이야기를 시작했다.

목성

목성은 지구에서 태양까지의 거리보다 5배가 넘는 먼 거리
에서 공전하고 있지요. 목성은 태양계의 가족 중에서 가장
크고 가장 무거운 행성이랍니다. 그런 만큼 중력도 상당해서
목성에서 잰 몸무게는 지구에서 잰 것보다 2.5배나 더 나간
답니다.

목성은 태양계의 가장 큰 행성입니다. 그래서 태양계 밖에
서 볼 때 태양계가 태양과 목성으로만 이루어져 있다고 생각

할 수도 있습니다. 실제로 목성은 태양에 영향을 끼쳐서 태양의 운동을 미세하나마 변하게 한답니다.

목성은 크기가 큰 만큼 눈으로도 볼 수 있으며, 천체 망원경을 이용하면 아름답고 푸른 오렌지빛 줄무늬와 목성 둘레를 공전하는 위성들까지 또렷하게 볼 수가 있답니다.

목성의 적도 아래로 대적점(大赤點, great red spot)이 있습니다. 대적점은 남북 1만 3,000km, 동서 2만 5,000km에 이르는, 지구가 들어가고도 남을 만큼 거대한 타원형의 붉은 반점으로 태풍과 같은 것입니다. 즉 목성의 자전에 의해 목성의 대기가 소용돌이치는 것이라는 사실이 확인되었습니다. 목성의 대기는 수소나 헬륨 같은 가벼운 원소로 이루어져 있답니다.

목성은 대기 온도가 낮고 중력이 커서 대기가 달아나기 쉽지 않습니다. 그래서 대기가 누르는 압력은 지구와 비교가 안 된답니다. 대기층이 누르는 압력으로 목성 내부의 기체는 액체 상태가 될 정도니까요.

이뿐만이 아닙니다. 더 깊숙한 곳은 지구 대기의 1,000만 배가 넘는 엄청난 압력을 받아 금속에 버금가는 상태가 되어 있답니다.

유명한 목성의 위성

목성은 거대한 규모만큼이나 거느리고 있는 위성의 수도 대단하답니다. 2007년 기준 미국 항공 우주국에서 제공하는 목성의 위성은 63개입니다. 하지만 작은 것도 계속 수를 늘려 갈 것입니다.

여기서는 그 가운데 1번부터 16번까지만 표로 나타내어 보았습니다. 괄호 안 숫자는 위성을 발견한 연도입니다.

위성 이름	발견 연도(도)	위성 이름	발견 연도(도)
이오	1610	시노페	1914
유로파	1610	리시테아	1938
가니메데	1610	카르메	1938
칼리스토	1610	아난케	1951
아말테아	1892	레다	1974
히말리아	1904	테베	1979
엘라라	1905	아드라스테아	1979
파시파에	1908	메티스	1979

이 중 12개는 목성의 자전 방향과 같은 쪽으로 회전하고, 나머지 4개(파시파에, 시노페, 카르메, 아난케)는 반대 방향으로 공전합니다.

목성의 16개 위성 가운데 특히 유명한 4개의 위성이 있습

니다. 이것은 갈릴레이가 1610년에 손수 제작한 망원경으로
발견했습니다. 이들을 발견자의 이름을 따서 흔히 갈릴레이
위성이라고 부르는데, 갈릴레이는 이들을 자신의 든든한 후
원자였던 메디치 가문에 헌사한다는 의미로 '메디치의 별'이
라고 불렀습니다. 이 위성들은 그리스 신화 속 제우스와 관
련된 인물의 이름을 따서 이오, 유로파, 가니메데, 칼리스토
라는 이름을 지어 주었습니다.

갈릴레이 위성 : 유로파, 가니메데, 칼리스토, 이오

이들이 유명한 이유는 아리스토텔레스의 이론을 뒤엎고 코

페르니쿠스의 지동설을 입증한 천체이기 때문입니다. 그에 대한 자세한 내용은 다음 글에 이어집니다.

갈릴레이의 천체 망원경과 지동설

1609년 여름, 갈릴레이는 친구로부터 흥미로운 이야기를 전해 들었습니다.

"네덜란드의 안경 기술자가 망원경을 발명했다고 하네."

"그게 뭔가?"

"먼 곳에 있는 물체를 볼 수 있는 거라네."

"가깝게 볼 수 있다는 뜻인가?"

"그렇다네."

"그거 대단한 물건이 되겠는걸."

갈릴레이는 망원경의 폭발적인 잠재성을 즉각 간파했습니다.

'신이 나에게 기회를 주시는구나.'

갈릴레이는 양질의 렌즈 재료를 구해 망원경 제작에 들어갔습니다. 갈릴레이는 렌즈를 정밀하게 갈고 다듬었습니다. 볼록한 렌즈는 평평하게, 오목한 렌즈는 깊게 다듬었습니다. 그리

하여 그해 말에 상을 20여 배까지 확대해서 볼 수 있는 망원경을 선보일 수 있었습니다.

그러나 여기까진 단순한 망원경일 뿐입니다. 아직은 천체 망원경이 탄생하지 않은 것입니다. 아무리 배율이 높아도 그걸로 하늘을 올려다보지 않으면 절대로 천체 망원경이 될 수 없지요. 최초의 망원경 제작업자인 리페르세이도 그랬고, 다른 곳에서 망원경을 제작하던 사람들도 모두 다 그랬습니다. 갈릴레이와 동시대를 살았던 그 누구도 망원경으로 하늘을 올려다보겠다고 뜻을 품은 사람은 없었던 겁니다. 그들은 수십 m, 수백 m 너머에 있는 지상의 물체를 확대해서 보는 것

만으로 무척 흡족해했습니다. 그러나 갈릴레이는 달랐습니다. 손수 만든 고배율 망원경으로 하늘을 바라보았던 겁니다. 이것이 갈릴레이가 가진 위대한 면모입니다.

갈릴레이가 망원경을 통해서 본 하늘은 그야말로 놀라웠습니다. 생각했던 것보다 훨씬 크고 넓었으며, 별 또한 엄청나게 많았습니다. 이러한 사실은 세상 사람들에게 적잖은 관심을 불러일으켰는데, 그중에서도 목성 둘레를 공전하는 네 개의 갈릴레이 위성이 가장 큰 관심을 불러 모았습니다.

당시 사람들이 믿고 있던 학설은 지구 중심설(천동설)이었지요. 지구가 우주의 중심에 있고, 그 주위로 모든 천체가 빙

빙 돌고 있다고 생각한 겁니다. 따라서 사람들은 달이건, 목성이건, 목성의 위성이건 예외 없이 지구 둘레를 돈다고 생각했습니다. 그런데 지구가 아닌, 목성의 둘레를 회전하는 네 개의 위성을 갈릴레이가 발견한 겁니다. 이것이 사실이라면 지구 중심설은 틀린 겁니다. 수천 년 동안 굳게 믿어 온 지구 중심설을 버려야 하는 겁니다.

지구 중심설을 믿어야 하느냐 마느냐는 단순히 자연 현상한 가지를 올바르게 확인하는 것에 그치는 문제가 아니었습니다. 당시의 사회 기반 자체를 뿌리째 뒤흔드는 일이었습니다. 당시 대부분의 기득권층이 확고히 믿었던 천동설이 무너

지면 그들의 모든 지위와 권력도 함께 무너져 내리게 되었던 겁니다. 그러니 학자들의 이목이 갈릴레이 위성에 집중될 수밖에 없었던 것이죠.

갈릴레이 위성과 광속

  갈릴레이 위성이 유명한 또 하나의 이유는 광속에 있답니다. 갈릴레이는 광속이 유한하다는 사실을 익히 알고 있었습니다. 그러나 그 값을 제대로 측정해 내지는 못했답니다. 광

속 측정의 시야를 우주로 넓히지 못하고, 지구 내부에 한정한 탓이었지요. 이것은 실로 안타까운 일이었습니다.

하지만 광속의 유한성을 직시하고, 그걸 어떻게든 측정해 보려고 한 갈릴레이의 부단한 노력은 과학 발전의 든든한 밑거름이 되어 주었답니다. 아인슈타인의 상대성 이론도 광속이 유한하다는 데 굳건한 뿌리를 두고 있으니까요.

갈릴레이가 못 다 이룬 광속 측정의 꿈을 우주로 넓혀서 이루어 낸 학자가 곧이어 나타났습니다. 덴마크 출신의 과학자 뢰머(Ole Rømer, 1644~1710)가 지구라는 거리의 한계를 인지하고 우주로 시선을 돌려 광속 측정을 해낸 것입니다. 그는 지구 밖 천체를 이용해서 광속을 측정한 최초의 과학자이지요.

    뢰머가 광속 측정을 하기 위해 이용한 것은 갈릴레이 위성 중의 하나인 이오였습니다.

    그렇다면 여기서 이런 궁금증이 생길 수 있습니다.

    "하늘에 떠 있는 무수한 천체 중에서 왜 이오를 택해서 광속을 측정했을까?"

    이유는 뢰머가 목성 둘레를 주시하고 있었다는 데 있습니다. 뢰머는 갈릴레이 위성이 몰고 올 어마어마한 파장을 익히 알고 있던 학자였습니다. 그러니 그가 목성의 위성에 깊은 관심을 둔 것은 지극히 당연한 일이었습니다.

    뢰머가 처음부터 광속을 측정하겠다고 꿈꾸면서 목성 주위를 바라본 건 아니었습니다. 그가 하늘로 고개를 돌린 원래

목적은 광속 측정이 아니라 천체 관측이었습니다. 그 관측의 중심에 4개의 위성이 있었고, 그 한가운데에 이오가 있었을 뿐입니다.

이오의 운동을 집중 관찰하다가 그걸 이용하면 광속을 측정할 수 있을 거라는 생각이 떠오른 것입니다. 뢰머가 광속 측정을 하게 된 것은 천체 관측의 부산물이나 마찬가지였던 겁니다. 이오를 관측하다가 우연찮게 얻은 것이나 다름없으니까요. 과학사에서는 이처럼 처음엔 다른 목적으로 시작한 연구에서 예기치 않은 큰 결과를 달성하는 일이 종종 일어난답니다.

파이오니어와 보이저 탐사

미국은 파이오니어 계획을 진행하면서 13개의 우주선을 쏘아 올렸습니다. 그중 목성에 다가가 자료를 보낸 우주선이 파이오니어 10호였습니다. 파이오니어 10호는 25년여 동안 270kg의 몸통을 이끌고 1조 km에 가까운 우주 유영을 하면서 목성의 사진을 찍는 데 성공했습니다. 하지만 대다수의 과학자들은 파이오니어 10호의 임무 달성에 대해 반신반의

한 게 사실이었습니다.

초고속으로 항진하는 파이오니어 10호는 콩알만 한 우주 파편과 충돌해도 치명적인 손상을 입을 수 있습니다. 그런데 파이오니어 10호가 목성까지 도달하기 위해선 돌덩이가 무진장 많이 존재하는 소행성대를 거쳐 가야 합니다.

파이오니어 10호가 소행성대를 무사히 통과하리라고 본 과학자는 그리 많지 않았습니다. 그러나 파이오니어 10호는 그런 불안감을 말끔히 씻으며 소행성대를 지나 목성 가까이에 도달했습니다.

파이오니어 프로젝트를 이끈 책임자는 흥분했습니다. 파이오니어 10호가 목성까지 도달해 지구로 사진을 전송한 건 실로 기적에 가까운 일이라고 하면서 말입니다. 그는 계속해서 파이오니어 10호의 업적에 찬사를 아끼지 않았습니다. 파이오니어 10호는 인류의 우주사에 영원히 기억될 우주선으로 남을 것입니다.

파이오니어 10호가 임무를 완수하고 퇴역하는 순간, 미국 항공 우주국은 공식적으로 발표했습니다. 1997년 3월 31일 오전 11시 45분, 케네디 우주 센터와 파이오니어 10호의 통신이 단절되었습니다. 파이오니어 10호의 에너지를 생산하는 핵 발전기의 작동이 중단된 것입니다. 파이오니어 10호는 우주 공간 저 너머를 향한 끝없는 방랑의 길을 떠났습니다.

파이오니어 10호의 성공에 용기백배한 미국은 보이저 1호와 2호를 목성으로 쏘아 올렸습니다. 그것들은 기대한 만큼 깜짝 놀랄 만한 수많은 정보를 보내 주었습니다. 토성과 같은 띠가 목성에도 존재한다는 사실은 과학자의 주목을 끌기에 충분했습니다.

보이저 탐사선이 보낸 사진은 파이오니어의 것보다 수백 배나 선명했습니다. 보이저 1호가 목성의 제1위성인 이오에 접근했을 때였습니다. 짙푸른 우주 공간을 배경 삼아 이오가 화산을 분출하는 광경을 컬러 사진으로 받아 본 미국 항공우주국 관계자들은 감탄사를 연발했습니다.

"목성의 달(이오 위성)은 살아 있다!"

보이저 탐사선은 목성의 제2위성 유로파, 제3위성 가니메데, 제4위성 칼리스토의 모습을 차례로 근접 촬영한 사진을 지구로 보내왔습니다.

자료 분석 결과, 갈릴레이 위성 중 칼리스토에 가장 많은 화구가 있었습니다. 과학자들은 이렇게 해석했습니다.

"갈릴레이 위성 가운데 칼리스토가 가장 먼저 생성되었다."

이런 결론을 내린 건 다음과 같은 근거 때문입니다.

"화구의 대부분은 운석과의 충돌로 생긴다. 화구가 많다는 건 그만큼 오랫동안 운석의 공격을 받았다는 증거이다."

목성이 보이나요?

네. 목성하고 주변에 있는 위성도 같이 보이네요.

목성은 거대한 규모만큼이나 거느리고 있는 위성의 수도 대단하답니다. 2007년 미국 항공 우주국의 발표에 따르면 63개였어요.

63개요?

그중 특히 유명한 4개의 위성이 있습니다. 이것은 갈릴레이가 1610년에 손수 제작한 망원경으로 발견한 위성으로, 갈릴레이 위성이라고 하죠.

저도 들어봤어요.

이오 유로파 가니메데 칼리스토

갈릴레이 위성은 유로파, 가니메데, 칼리스토, 이오라고 하잖아요.

맞아요. 그리스 신화 속 제우스와 관련된 인물의 이름을 따서 지은 거예요.

태양은 지구를 중심으로 돌아...

천동설

이 발견은 큰 의미가 있어요. 당시 사람들이 믿고 있던 학설은 지구 중심설(천동설)이었지요. 따라서 사람들은 달이건, 목성이건, 목성의 위성이건 예외 없이 지구 둘레를 돈다고 생각했습니다.

그건 말도 안 돼요.

토성 금성 태양 수성 지구 달 화성 목성

그때는 그랬답니다. 그런데 목성 주위를 돌고 있는 위성을 발견하면서 천동설은 틀렸다는 것이 증명되고, 지동설이 힘을 얻게 된 것이지요.

그렇군요.

이웃 천체를
통솔하는 법칙

티티우스-보데의 법칙은 무엇일까요?
케플러의 3가지 법칙에 대해서도 알아봅시다.

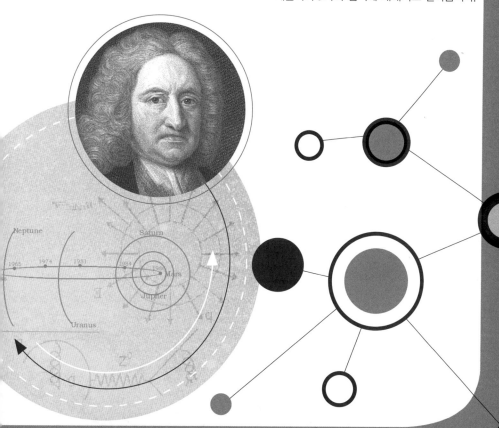

7

마지막 수업

이웃 천체를
통솔하는 법칙

핼리가 조금은 아쉬워하는표정으로
마지막 수업을 시작했다.

티티우스-보데의 법칙

과학자의 꿈은 자연 현상 속에 숨은 비밀을 찾아내는 것입니다. 그러면서 그 비밀을 풀어 주는 열쇠가 여러 현상에 공통적으로 적용되길 바랍니다.

이웃 천체도 마찬가지입니다. 어느 특정 천체 하나에만 적용되는 법칙이 아닌, 이웃 천체 모두에 공통으로 적용할 수 있는 규칙이나 법칙을 찾아내기를 꿈꾸지요. 그런 면에서 티티우스-보데의 법칙과 케플러의 법칙은 이웃 천체를 설명하는

데 보편적인 법칙이라 할 수 있습니다. 이번 수업에선 이 법칙
들에 대해 공부하며 이웃 천체 이야기를 마무리할까 합니다.

1766년 독일의 천문학자인 티티우스는 태양에서 행성까지
의 거리를 나타낼 수 있는 식을 발견했습니다. 그는 그 사실
을 1772년 베를린 천문대의 초대 대장이었던 보데(Johann
Bode, 1747~1826)에게 알렸고, 여기서 티티우스－보데의 법
칙이 탄생했습니다.

티티우스－보데의 법칙은 다음의 식으로 표현합니다.

$$d = 0.4 + 0.3 \times 2^n$$

d는 천문 단위 지구와 태양 사이의 거리(AU, Astronomical
Unit)로 나타낸 태양에서 행성까지의 거리이고, n은 행성에
부여한 숫자입니다. 마이너스 무한대는 수성, 0은 금성, 1은
지구, 2는 화성, 4는 목성 등으로 말입니다.

천문 단위로 나타낸 태양에서 행성까지의 실제 거리는 다음

행성	태양에서 행성까지 실제 거리(AU)	행성	태양에서 행성까지 실제 거리(AU)
수성	0.39	목성	5.20
금성	0.72	토성	9.54
지구	1.00	천왕성	19.20
화성	1.52	해왕성	30.10

표와 같습니다.

그럼, 티티우스-보데의 법칙을 태양계 행성에 차례로 적용해 보겠습니다.

수성	마이너스 무한대일 경우	$d=0.4+0.3\times2^{-\infty}=0.4$
금성	0일 경우	$d=0.4+0.3\times2^{0}=0.7$
지구	1일 경우	$d=0.4+0.3\times2^{1}=1.0$
화성	2일 경우	$d=0.4+0.3\times2^{2}=1.6$
목성	4일 경우	$d=0.4+0.3\times2^{4}=5.2$
토성	5일 경우	$d=0.4+0.3\times2^{5}=10.0$

2^{n} 규칙으로 계산한 거리와 실제 거리는 상당히 유사합니다. 그런데 가만히 보니, 3일 경우에 해당하는 천체가 없습니다.

?	3일 경우	$d=0.4+0.3\times2^{3}=2.8$

그래서 $n=3$일 때의 거리인 2.8(AU) 지역을 집중적으로 조사해 보았더니, 그곳에 자그마한 행성이 집단을 이루어 모여 있었습니다. 이것이 바로 소행성대입니다. 파이오니어 10호가 우려를 잠재우고 무사히 통과한 돌덩이 지대 말입니다.

그런데 티티우스-보데가 알아낸 방법은 태양계의 6개 행성과 천왕성에 대해서는 그럭저럭 합당한 결과를 이끌어 주지만, 해왕성에 대해서는 전혀 맞지 않습니다.

티티우스-보데의 법칙으로 천왕성, 해왕성까지의 거리를

천왕성	6일 경우	$d=0.4+0.3\times2^6=19.6$
해왕성	7일 경우	$d=0.4+0.3\times2^7=38.8$

계산해 보겠습니다.

해왕성에서는 오차 범위를 넘어섰습니다. 이런 이유로 티티우스-보데의 계산법은 전체 행성에 다 적용되는 보편적인 법칙은 아니랍니다.

케플러의 3가지 법칙

1601년 스승인 브라헤가 케플러(Johannes Kepler, 1571~1630)에게 간곡한 어조로 부탁 겸 유언을 남겼습니다.

"내가 연구한 업적이 헛되지 않도록 해 주게나."

"제 이름을 걸고 최선을 다하겠습니다."

케플러는 스승이 남겨 준 산더미 같은 자료를 참고로 천문 현상에 숨은 비밀을 풀기 위해 밤낮을 가리지 않고 연구에 몰두했습니다. 케플러는 행성의 속도가 일정해야 한다는 고전적인 통념을 과감히 내던져 버렸습니다. 여기서 얻은 것이 케플러의 제2법칙이고, 다음으로 행성의 궤도가 타원이라는 제1법칙과 행성의 궤도와 공전 주기 사이의 관계를 규정지은 제3법칙을 유도해 내었습니다. 제2법칙→제1법칙→제3법칙의 순으로 천체의 운동 법칙을 발견한 것이지요.

케플러가 밝혀낸 천체의 3가지 운동 법칙은 다음과 같이 정리할 수 있습니다.

제1법칙(타원 궤도의 법칙)

행성은 태양을 초점으로 하는 타원 궤도를 그리며 운동한다.

제2법칙(면적 속도 일정의 법칙)

행성과 태양을 연결한 선분이 같은 시간 동안 그리는 면적은 항상 일정하다.

제3법칙(조화의 법칙)

공전 주기의 제곱은 행성 궤도 반지름의 세제곱에 비례한다.

케플러의 법칙 발견 과정에서도 엿볼 수 있듯, 케플러의 제1법칙과 제2법칙은 따로 떼어 생각하기가 어렵습니다. 행성의 공전 궤도가 타원이라는 건 행성의 공전 속도가 다르다는 의미이기 때문입니다.

동일 시간 동안 그리는 면적이 항상 같다는 뜻은, 다음 쪽의 그림에서 지구가 A에서 B까지 움직이는 시간과 C에서 D

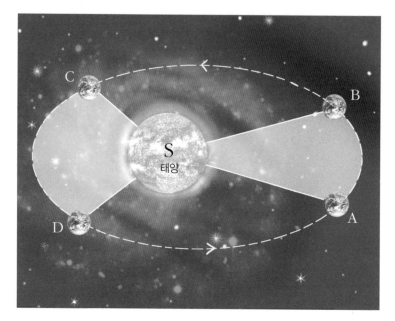

까지 움직이는 시간이 동일했다면 태양과 그 점을 잇는 SAB, SCD의 면적이 같다는 말입니다.

따라서 궤도의 긴반지름과 공전 주기의 관계식은 이렇게 표현할 수 있습니다.

행성 궤도 긴반지름의 세제곱＝비례 상수 × 공전 주기의 제곱

이것을 비례 상수에 대해서 풀면, 다음처럼 나타낼 수가 있습니다.

행성 궤도 긴반지름의 세제곱 ÷ 공전 주기의 제곱 = 비례 상수

이것은 '행성 궤도 긴반지름의 세제곱 ÷ 공전 주기의 제곱'의 값이 태양계 모든 행성에 대해 동일하다는 의미입니다. 다음과 같이 말이지요.

수성 궤도 긴반지름의 세제곱 ÷ 수성 공전 주기의 제곱

= 금성 궤도 긴반지름의 세제곱 ÷ 금성 공전 주기의 제곱

= 지구 궤도 긴반지름의 세제곱 ÷ 지구 공전 주기의 제곱

= 화성 궤도 긴반지름의 세제곱 ÷ 화성 공전 주기의 제곱

= 목성 궤도 긴반지름의 세제곱 ÷ 목성 공전 주기의 제곱

= 토성 궤도 긴반지름의 세제곱 ÷ 토성 공전 주기의 제곱

= 천왕성 궤도 긴반지름의 세제곱 ÷ 천왕성 공전 주기의 제곱

= 해왕성 궤도 긴반지름의 세제곱 ÷ 해왕성 공전 주기의 제곱

케플러의 저서에는 이렇게 적혀 있습니다.

"내가 발견한 법칙은 예상보다 훌륭하다. 하지만 오랜 시간이 지난 후에야 인정받을 가능성이 클지도 모르겠다. 하지만 나는 만족스러워하며 기다릴 것이다. 신도 나를 만나기 위해 수천 년이나 기다리지 않았던가."

　　케플러의 법칙으로 천체의 운동을 연구하는 튼튼한 기틀이
마련되었으며, 케플러에게는 '하늘의 입법자'라는 명예로운
애칭이 붙여졌습니다.

케플러의 법칙이 그렇게 유명한가요?

케플러의 법칙은 이웃 천체를 설명하는 데 보편적인 법칙이라고 할 수 있어요.

케플러는 '하늘의 입법자'라는 명예로운 애칭이 붙기까지 했답니다.

정말 대단하네요. 케플러의 법칙에 대해 좀 더 자세히 알려 주세요.

하늘의 입법자라 ….

정말 영광입니다.

케플러는 행성의 속도가 일정해야 한다는 고전적인 통념을 과감히 내던져 버렸어요. 여기서 얻은 것이 케플러의 제2법칙이지요.

제1법칙부터 알려 주셔야죠.

고전적인 통념

제1법칙은 행성의 궤도가 타원이라는 법칙으로, 행성의 궤도와 공전 주기 사이의 관계를 규정지은 제3법칙을 유도해 내었어요.

제2법칙 다음에 제1법칙 그리고 제3법칙의 순으로 천체의 운동 법칙을 발견했네요.

제2법칙

제1법칙

제3법칙

케플러가 밝혀낸 천체의 세 가지 운동 법칙은 다음과 같아요.

제1법칙 : 타원 궤도의 법칙
제2법칙 : 면적 속도 일정의 법칙
제3법칙 : 조화의 법칙

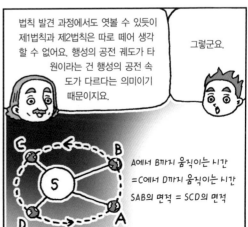

법칙 발견 과정에서도 엿볼 수 있듯이 제1법칙과 제2법칙은 따로 떼어 생각할 수 없어요. 행성의 공전 궤도가 타원이라는 건 행성의 공전 속도가 다르다는 의미이기 때문이지요.

그렇군요.

A에서 B까지 움직이는 시간
=C에서 D까지 움직이는 시간
SAB의 면적 = SCD의 면적

별의 고유 운동을 발견한 핼리 Edmund Halley, 1656~1742

영국의 과학자 핼리는 부유한 아버지 덕에 어려움 없이 생활하며 과학에 뜻을 두게 되었습니다. 핼리는 17세에 옥스퍼드 대학에 입학하였으나 중퇴하고, 세인트헬레나 섬에서 천체를 관측하면서 그곳에서 수성의 일면경과 관측 및 진자 실험을 하였습니다.

핼리가 천문학 쪽으로 눈을 돌린 계기는 영국 최초의 왕립 천문학자인 플램스티드에게 깊은 감명을 받은 다음부터입니다.

천문학에 대한 핼리의 열정은 대단했습니다. 천문대를 세워 남반구 하늘을 관찰하고 기록했을 뿐만 아니라 프톨레마이오스가 기록한 별의 위치와 자신이 관측한 결과가 일치하는지를 비교 검토하고, 별의 고유 운동을 발견했습니다. 별의 고유 유동이란 별이 조금씩 움직이는 현상입니다.

핼리는 이외에도 무수한 연구 업적을 남겼지만 그중에서 가장 혁혁한 것은 혜성의 발견입니다. 핼리는 수십 개의 혜성을 면밀히 분석한 끝에, 1682년 출현한 대혜성을 관찰한 후 그것을 1531년과 1607년에도 출현하였던 혜성이 다시 나타난 것이라고 주장하였습니다.

그리고 1705년 뉴턴의 역학을 적용하여 그 궤도를 산정하였으며, 그것을 다룬 《혜성 천문학 총론》을 간행하였습니다. 이 책에서 "다음 번 혜성은 1758년 말이나 1759년 초에 다시 나타날 것"이라고 예측했습니다.

핼리의 예상이 맞았음은 두말할 나위조차 없습니다. 이것이 그 유명한 핼리 혜성입니다. 핼리 혜성이 다시 지구를 찾는 해는 2061년으로 예측하고 있습니다.

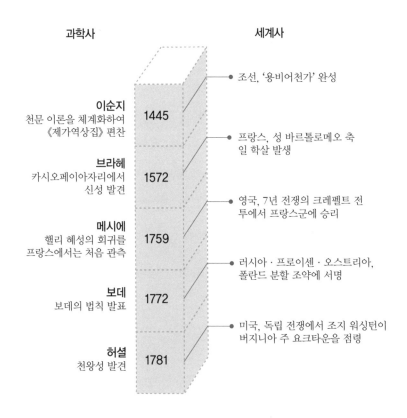

과 학 연 대 표
언제, 무슨 일이?

과학사		세계사

조선, '용비어천가' 완성

이순지
천문 이론을 체계화하여
《제가역상집》 편찬

1445

프랑스, 성 바르톨로메오 축
일 학살 발생

브라헤
카시오페이아자리에서
신성 발견

1572

영국, 7년 전쟁의 크레펠트 전
투에서 프랑스군에 승리

메시에
핼리 혜성의 회귀를
프랑스에서는 처음 관측

1759

러시아 · 프로이센 · 오스트리아,
폴란드 분할 조약에 서명

보데
보데의 법칙 발표

1772

미국, 독립 전쟁에서 조지 워싱턴이
버지니아 주 요크타운을 점령

허셜
천왕성 발견

1781

1. 태양의 핵융합 반응은 4개의 ☐☐ 가 뭉쳐 하나의 헬륨이 됩니다.

2. 달에 공기가 사라진 이유는 ☐☐ 이 약하기 때문입니다.

3. 혜성은 다른 말로 ☐☐☐ 이라고 하며, 혜성의 머리는 ☐ 과 코마
   로 이루어집니다.

4. ☐☐ 의 섭동 문제를 풀어 내는 데는 뉴턴의 중력 이론을 사용하였습
   니다.

5. 화성 대기의 대부분을 이루는 기체는 ☐☐☐☐☐☐ 입니다.

6. 목성의 ☐☐☐ 은 거대한 타원형의 붉은 반점으로 목성의 대기가 소
   용돌이치는 것입니다.

7. 티티우스-보데의 법칙은 ☐☐☐ 에는 맞지 않습니다.

1. 수소 2. 중력 3. 꼬리별, 핵 4. 수성 5. 이산화탄소 6. 대적점 7. 해왕성

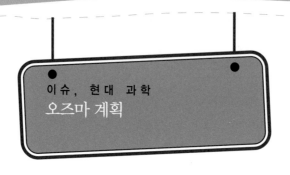

우주 어딘가에 존재할지 모를 지적인 외계 생명체를 찾기 위해서 과학자들이 나섰습니다. 이것이 오즈마 계획이지요. 《오즈의 마법사》라는 동화를 알고 있겠지요? 아득히 먼 공상의 나라에서 살고 있는 오즈의 여왕 오즈마에서 따온 이름이랍니다.

지구 밖 생명체를 찾는 방법으로 가장 쉽게 떠올려 볼 수 있는 것은 우리가 그들을 직접 찾아나서는 겁니다. 그러나 이것은 곧바로 벽에 부딪히지요. 우리의 우주 기술이 그것을 허락하지 않기 때문입니다. 인류의 우주 비행 기술은 이제 고작 달에 갔다 온 정도입니다. 화성조차 밟아 보지 못한 상황이지요. 이런 우주 비행 기술로 우주 곳곳을 뒤지며 외계 생명체를 찾을 수는 없습니다.

다음으로 생각해 볼 수 있는 방법은 지적 외계 생명체가 우리를 찾아와 주길 기다리는 겁니다. 그러나 이것도 좋은 방법은 아닙니다. 그들이 언제 찾아올지도 모르는데 넋 놓고 마냥 기다릴 수만은 없으니까요.

그래서 과학자들이 생각해 낸 방법이 전파를 잡는 것이었습니다. 인류는 라디오, 텔레비전, 휴대 전화 등 전파를 매우 유용하게 이용하고 있습니다.

우주 어딘가에 있을지 모를 외계 생명체의 지적 성숙도가 우리 정도이거나 또는 더 우수하다면 그들도 분명 전파를 알고 있거나 이용하고 있을 겁니다. 그러니 그들이 자신들의 존재를 알리기 위해서 전파를 쏠 테고 우리가 그것을 받아서 그들의 존재를 확인한다는 생각입니다.

제1차 오즈마 계획은 1960년 고래자리에 있는 별을 상대로 이루어졌습니다. 고래자리는 외계 생명체가 살고 있을 가능성이 높다고 판단되는 곳입니다. 그러나 외계 생명체가 보낸 것 같은 전파는 잡히지 않았지요.

제2차 오즈마 계획은 1973~1976년에 실행했습니다. 그러나 이 역시 긍정적인 결과는 얻지 못했답니다.

우주 어딘가에 있을 지적 외계 생명체를 찾기 위한 노력은 아직도 계속 진행 중입니다.